“十四五”职业教育国家规划教材

新形态一体化教材

茶艺（第四版）

主编
马小玲　潘素华

副主编
赵红莉　包大明

中国教育出版传媒集团
高等教育出版社·北京

内容提要

本书为“十四五”职业教育国家规划教材，针对茶艺服务人员的岗位工作需要，从提高学生的实践技能出发，岗、课、赛、证一体化设计。全书共分6个模块36个专题。第一模块“中国茶文化概述”，从茶文化、茶艺、茶道基本概念出发，介绍中国茶艺发展简史；第二模块“茶艺基础”，训练基本礼仪、提壶、握杯、温壶洗杯、温盖碗、茶叶量取与投放等基本技能；第三模块“名茶鉴赏”，着重训练7类茶（绿茶、红茶、乌龙茶、白茶、黄茶、黑茶、花茶）的品质鉴别知识与技能；第四模块“茶叶冲泡”，训练上述7类茶的具体冲泡技能；第五模块“茶席设计”，介绍茶席设计的要素、美学和演绎；第六模块“茶艺表演”，围绕10种名茶（杭州西湖龙井、武夷正山小种红茶、武夷大红袍、福建白毫银针、湖南君山银针、云南普洱茶、福州茉莉花茶、云南白族三道茶、福建安溪铁观音、宫廷三清茶），训练学生茶艺表演的综合技能。本书书后附有“茶艺服务常用英语”，供学习者参考。

本书配套建设有数字课程和二维码链接的视频资源。学习者可以登录“智慧职教”网站（www.icve.com.cn）浏览课程资源，详见“智慧职教服务指南”。

本书可作为高等职业院校、职业本科院校、应用型本科院校及中等职业学校旅游大类茶艺与茶文化、酒店管理与数字化运营及相关专业的教学用书，也可供社会从业人士及茶艺爱好者参考使用。

图书在版编目（CIP）数据

茶艺 / 马小玲，潘素华主编. --4版. --北京：高等教育出版社，2023.9

ISBN 978-7-04-059813-1

Ⅰ.①茶… Ⅱ.①马… ②潘… Ⅲ.①茶艺-中国-高等职业教育-教材 Ⅳ.①TS971.21

中国国家版本馆CIP数据核字（2023）第017039号

Chayi

策划编辑 陈 瑛　责任编辑 陈 瑛　封面设计 裴一丹　版式设计 童 丹
责任绘图 黄云燕　责任校对 张慧玉 刁丽丽　责任印制 刁 毅

出版发行 高等教育出版社
社　　址 北京市西城区德外大街4号
邮政编码 100120
印　　刷 北京市大天乐投资管理有限公司
开　　本 787mm×1092mm 1/16
印　　张 14.5
字　　数 300千字
购书热线 010-58581118
咨询电话 400-810-0598
网　　址 http://www.hep.edu.cn
　　　　 http://www.hep.com.cn
网上订购 http://www.hepmall.com.cn
　　　　 http://www.hepmall.com
　　　　 http://www.hepmall.cn
版　　次 2010年7月第1版
　　　　 2023年9月第4版
印　　次 2023年9月第1次印刷
定　　价 45.00元

物 料 号 59813-00

“智慧职教”服务指南

“智慧职教”（www.icve.com.cn）是由高等教育出版社建设和运营的职业教育数字教学资源共建共享平台和在线课程教学服务平台，与教材配套课程相关的部分包括资源库平台、职教云平台和App等。用户通过平台注册,登录即可使用该平台。

● 资源库平台：为学习者提供本教材配套课程及资源的浏览服务。

登录“智慧职教”平台，在首页搜索框中搜索“茶艺”，找到对应作者主持的课程，加入课程参加学习，即可浏览课程资源。

● 职教云平台：帮助任课教师对本教材配套课程进行引用、修改，再发布为个性化课程（SPOC）。

1. 登录职教云平台，在首页单击“新增课程”按钮，根据提示设置要构建的个性化课程的基本信息。

2. 进入课程编辑页面设置教学班级后，在“教学管理”的“教学设计”中“导入”教材配套课程，可根据教学需要进行修改，再发布为个性化课程。

● App：帮助任课教师和学生基于新构建的个性化课程开展线上线下混合式、智能化教与学。

1. 在应用市场搜索“智慧职教icve”App，下载安装。

2. 登录App，任课教师指导学生加入个性化课程，并利用App提供的各类功能，开展课前、课中、课后的教学互动，构建智慧课堂。

“智慧职教”使用帮助及常见问题解答请访问help.icve.com.cn。

第四版前言

中华茶艺，作为一种民间技艺伴随着中国茶叶种植和饮茶习俗而形成。从汉初茶文化萌芽、唐煮茶茶艺形成，至今已有2000余年的历史。随着我国综合国力的提升，中国文化的亮丽名片——中华茶艺越来越受到国际社会和茶文化爱好者的重视。2022年11月，“中国传统制茶技艺及其相关习俗”入选联合国教科文组织人类非物质文化遗产代表作名录，在国际舞台上大放异彩。

目前，国内各高等职业院校旅游大类专业，普遍以专业必修课或选修课的形式开设茶文化与茶艺课程，以满足相关职业岗位（群）对从业人员茶文化基础知识及茶艺技能的需求，也有不少院校以公共选修课的形式开设该课程。本教材自2010年第一版出版以来，深受高校师生及茶文化爱好者的喜爱，先后获评“十二五”“十三五”“十四五”职业教育国家规划教材，至今已三次修订。而今，《茶艺》第四版在读者及同行专家学者的大力支持下即将付梓。

本教材针对饭店或茶叶生产企业中管理与服务人员的实际工作需要，以提高其实践操作技能为主旨，参照茶艺师国家职业标准，借鉴加拿大CBE和澳大利亚TAFE模式下的教学资源开发经验进行构思、设计和编写。此次修订，以党的二十大精神为指引，主要工作及特点如下：

第一，立足传播和弘扬中华传统文化“和”之理念，结合旅游行业文旅融合发展趋势，通过传播中华文化、研（练）习茶艺技艺与礼仪，提升当代青年综合素养，树立青年一代的文化自信。

第二，遵循高等职业教育国家教学标准和专业人才培养目标，对接职业标准和岗位（群）能力要求，紧扣旅游业、餐饮业、茶业等行业对茶艺师岗位人才需求的变化，结合课堂教学实际及近年来技能大赛的要求变化，强化技能训练和职业素质培养，力求在提高学生专业技能、职业素养的同时，也为学生获取中高级茶艺师资格证书提供便利。

第三，顺应茶文化与茶艺理论和实践发展需要，增加了“茶席设计”模块，也对第三版的不足之处进行了完善。流程化、步骤化的操作要领及细节通过文字修订、图片更新、数据更新等，增强教材的实践指导性和专业全面性。

本教材可以为当代大学生提升传统文化涵养和素质提供实训指导，也能为旅游管理、酒店管理与数字化运营、文化产业管理及茶艺与茶文化等专业的本专科学生、从事酒店或茶企茶艺服务的工作人员提升茶艺职业能力提供参考。

内容编排上，基于简洁与实用的原则，以操作技能实训为中心，编写团队努力梳理中国传统茶艺的知识与技艺，形成了中国茶文化概述、茶艺基础、名茶鉴赏、茶叶冲泡、茶席设计、茶艺表演6个模块共36个专题的内容。每个专题均以栏目的形式分学习目标、基础知识、操作技能、赛证直通等部分，各司其职：

学习目标——分为知识目标、能力目标和素养目标几个维度，向学生概要交代学本专题后所要达到的学习要求和实现的学习目标。

基础知识——以精练、够用为度，概要介绍本专题中学生应知应会的知识要点，目的是为本专题所涉及的技能训练项目提供铺垫。

操作技能——多以表格或其他简洁的形式列举每一服务项目的流程、规范与标准，解析专项技能的训练方法，是本教材中最为重要的部分。

赛证直通——收集茶艺师（初、中、高级）职业技能鉴定考核及各省级茶艺师职业技能竞赛相关题库习题进行课后训练，从基础理论知识和操作技能两个方面界定本专题中的主要考核内容及具体的考核方式（方法）等，使学生学有重点，考有方向。

本教材配有数字课程和制作精美的视频，供学生训前观摩、训后复习。本教材的开发队伍是在项目研发团队的框架下组建的，由武夷学院马小玲、吉林省经济管理干部学院潘素华任主编，武夷学院赵红莉和辽东学院包大明任教材副主编，辽东学院侯月洁、吉林省经济管理干部学院李柏莹、武夷山清宣文化创意有限公司朱惠萍参与相关模块的编写工作。具体写作分工如下：教材大纲起草和统稿，以及第一模块、第四模块的第十七、十九、二十、二十一、二十三专题和第六模块的第二十七、三十、三十一、三十三、三十五、三十六专题的编写由马小玲负责；第二模块由侯月洁编写；第三模块由包大明编写；第四模块的第十八、二十二专题和第六模块的第二十八、二十九、三十二专题由赵红莉编写；第五模块由李柏莹编写；在线课程和相关课程视频资源建设，以及题库资源收集整理由潘素华、赵红莉共同完成。实践操作视频的拍摄脚本也由所有编者分工拟定，马小玲全程指导了拍摄过程，武夷学院毕业生周宇、杨小红、张丽琴作为视频教学中的茶艺师参与了茶艺实践教学内容的拍摄，付出了辛勤的劳动。武夷山清净宣文化创意有限公司拍摄并提供了茶席设计的案例和部分精美图片。高等教育出版社数字资源部负责视频拍摄和后期制作。辽东学院姜文宏教授和武夷学院周作明教授在教材大纲审定和内容审核方面提出了宝贵建议，为教材质量提升保驾护航。在此一并表示真诚谢意！

教材编写是一项严谨的教学研究活动，是对一门课程的基础理论、基础知识、基本技能的体系构建。如何选择科学的内容体系，如何选择最佳的表达方式，都需要进行深入的研究，认识和把握其中的规律。我们在教材编写过程中，学习参考了诸多专家学者的研究成果，使教材既有所传承又有所创新，谨此表示诚挚谢忱！

本教材虽经几次修订出版，然学无止境，编者能力有限，不足之处恳请广大专家学者不吝赐教，多提宝贵意见。

编者

2023 年 6 月

目　录

二维码资源目录

二维码对应视频	专题	页码
茶叶鉴赏——乌龙茶概述	十二	69
茶叶鉴赏——乌龙茶制作工艺	十二	70
茶叶鉴赏——乌龙茶分类及特征	十二	70
茶叶鉴赏——大红袍	十二	72
茶叶鉴赏——铁观音	十二	72
茶叶鉴赏——台湾乌龙茶	十二	73
茶叶鉴赏——凤凰单丛	十二	74
茶叶冲泡——绿茶冲泡	十七	95
茶叶冲泡——红茶冲泡	十八	102
茶叶冲泡——乌龙茶冲泡	十九	108
茶叶冲泡——白茶冲泡	二十	115
茶叶冲泡——黄茶冲泡	二十一	120
茶叶冲泡——黑茶冲泡	二十二	125
茶叶冲泡——花茶冲泡	二十三	131
茶艺表演——西湖龙井	二十七	161
茶艺表演——武夷正山小种红茶	二十八	165
茶艺表演——武夷岩茶大红袍	二十九	171
茶艺表演——云南普洱	三十二	187
茶艺表演——福州茉莉花茶	三十三	192
茶艺表演——福建安溪铁观音	三十五	202

第一模块

中国茶文化概述

第一专题 茶文化、茶艺基本概念及内涵

学习目标

- 知识目标：了解中国茶文化与茶艺的含义；理解茶文化与茶艺的内在联系。
- 能力目标：掌握茶艺的范围与分类。
- 素养目标：了解茶艺的精神内涵与中国传统文化的关系。

基础知识

茶艺的含义及类型

茶艺的特点及意义

茶文化是中国传统文化中的瑰宝，其内涵广泛，包含了茶的物质文化、行为文化、制度文化和心态文化几个层面。在长达几千年的植茶、制茶、饮茶历史中，人类积累了丰富的具有文化内涵、艺术品位的制茶、泡茶、饮茶方法，有的还形成了一定的程式，并历代相传。人们将这些融合了中华礼仪和传统文化的饮茶方式、流程、待客之道归纳为茶艺，如云南白族的“三道茶茶艺”、广东潮汕的工夫茶茶艺等。而在茶文化和茶艺之中，人们把具有精神价值和审美功能的心态层次总结为茶文化的最高层次和核心内容，即茶道。

知识详解

茶文化概述

茶文化含义

茶文化有广义与狭义之分。广义的茶文化是指人们在从事茶叶种植、加工、营销、品饮等过程中创造的所有物质文化和精神文化的总和。狭义的茶文化是指茶的精神文化领域的内容。茶文化探讨人类在使用茶叶过程中产生的文化现象和社会现象。简言之，定义如下。

广义上讲，茶文化是指关于茶的物质文化与精神文化的总和。

狭义上讲，茶文化是指关于茶的精神文化。

茶文化的范围

农业、经济、文化、艺术、服务、管理、美学、历史、生活等都是茶文化涉及的范围。当今学界将茶文化分为四个层次：物质文化、行为文化、制度文化和心态文化。

物质文化方面，包括茶叶的栽培、生产、加工、保存、化学成分及其生化作用对人体的养生保健功效等，也包括冲泡茶叶所需的茶具、水等物品及茶室等。

行为文化方面，指人们在生产和品、饮茶的过程中约定俗成的行为模式，通常以茶礼、茶艺、茶俗等方式表现出来。

制度文化方面，指人们在生产和消费茶的过程中形成的社会行为规范和制度，如古代政府实行的茶税制度、贡茶制度、茶榷制度、茶马互市制度等，以及今天的茶叶生产安全许可、茶叶生产标准、食品质量安全（QS）认证、有机茶认证等制度和行业规范等。

心态文化方面，指人们在茶叶的生产和消费过程中孕育出来的价值观、审美情趣及由此引发的联想，将茶与哲学、宗教等结合，形成的茶德、茶道精神。这是茶文化的最高层次，也是茶文化的核心内容。

茶艺的含义

茶艺起源于中国，茶艺与中国文化的各个层面有着密不可分的关系。自古以来，插花、挂画、点茶、焚香并称四艺。插花、文人画、工夫茶，尤为文人雅士所喜爱。现代生活忙碌而紧张，更需要茶艺来缓和情绪，使精神放松，心灵澄明。茶艺还是一种休闲活动，能拉近人与人之间的距离，化解误会冲突，建立和谐的人际关系，净化社会风气。

专家指出，茶艺既指泡好一壶茶的技艺，也是享受一杯茶的艺术，从内涵上包括技艺、礼法和茶道三个方面。技艺是指对茶叶的生产制作、冲泡、品饮所需具备的技术；礼法是指礼仪和规范；茶道是指一种修行，一种由茶引发的对生活道路、方向的体会与总结，亦是人生哲学。技艺和礼法属于形式部分，茶道属于精神部分。

茶艺的分类

茶艺的分类基本按照茶叶的属性进行划分，可分为绿茶茶艺、红茶茶艺、乌龙茶茶艺、白茶茶艺、黄茶茶艺和黑茶茶艺。

此外，茶艺还可从时间、形式、地域、社会阶层等维度进行划分。

从时间上，可分为古代茶艺和现代茶艺，如唐代煮茶茶艺、宋代点茶茶艺和现代文人茶艺等。

从形式上，可分为表演茶艺和生活茶艺，如福建安溪铁观音茶艺表演、浪漫音乐红茶茶艺等。

从地域上，可分为民俗茶艺和民族茶艺，如客家擂茶茶艺（见图 1.1）、白族三道茶茶艺等。

从社会阶层上，可分为宫廷茶艺和寺庙茶艺等，如清宫廷茶艺和道家太极茶艺等。

茶艺形式多样，与传统文化和审美艺术高度结合，是中华茶文化的一朵奇葩。

赛证直通

选择题

1. 唐代禅茶一味的著名典故——赵州和尚“吃茶去”这一禅语出自（　　）禅师。

   A. 弘忍　　B. 慧能　　C. 从谂　　D. 智积

2. 历史上正式以国家法令形式废除团饼贡茶的是（　　）。

   A. 唐玄宗李隆基　　B. 明太祖朱元璋

   C. 清高宗乾隆　　D. 宋太祖赵匡胤

3. 茶的精神财富被称为（　　）。

   A. 狭义茶文化　　B. 广义茶文化

   C. 民俗茶文化　　D. 自然茶文化

4. 明代饮用茶叶主要是（　　）。

   A. 团茶　　B. 饼茶　　C. 粒茶　　D. 散茶

5. 茶艺一词最早出现于 20 世纪（　　）。

   A. 70 年代台湾　　B. 80 年代台湾

   C. 70 年代大陆　　D. 80 年代大陆

简答题

1. 简述茶文化的广义含义及其包括的层次。
2. 简述茶艺的分类。
3. 简述茶艺的含义。

第二专题
中国茶文化发展简史

学习目标

- 知识目标：了解中国茶文化的起源及中国茶文化发展中饮茶方式的演变。
- 能力目标：掌握中国茶文化的历史发展阶段。
- 素养目标：了解中华茶文化发展历史的中华民族文化根脉。

基础知识

中华茶文化的发展史伴随着中华5000年的文明史源远流长。唐代陆羽《茶经》记载："茶之为饮，发乎神农氏，闻于鲁周公。"远古时期，人们就发现了茶树，并开始种植。秦汉至魏晋时期是茶文化的萌芽期，茶开始被当作一种文明健康的饮料，饮茶的习俗逐渐传播开来。隋唐时期，茶叶经济进一步发展，茶艺诞生，饮茶方式传遍大江南北，并流传至海外。宋元时期是中国茶文化和茶艺的鼎盛时期，民间大兴斗茶之风，点茶技艺出现，茶文化达到最高峰。明清时期中国茶文化进入成熟稳定时期。清末因统治者的思想禁锢和政府的腐朽，茶文化逐步进入衰退时期。近现代，茶叶经济再一次得到全面发展，茶文化和茶艺在经济和社会文化全面发展下进入复兴时期。

古代茶文化发展

现代茶文化发展

知识详解

茶文化起源时期

这一时期指原始社会末期至先秦时期。

关于茶的起源，陆羽在《茶经》中记载："茶之为饮，发乎神农氏，闻于鲁周公。"距今四五千年前，人们就发现了茶树，并开始种植。这个时期茶文化处于传说时期。茶叶从发现到成为人们生活必不可少的物品，经历了漫长的过程。

《神农本草》在讲到茶叶的发现时称："神农尝百草，日遇七十二毒，得荼而解之。"这里的"荼"是茶的古体字之一。我国第一部诗歌总集《诗经》也多次提到"荼"，说明"荼"是茶的古体字之一。春秋战国时期，茶被当作食物，"茗粥"已十分普遍。那时，人们对茶的认识更多还是在其药用价值方面。事实上，茶确实具有解毒的功效，它最初就是作为药使用的。人们把发现茶的药用功效的贡献归功于这个时期的农业之祖"神农氏"。

茶文化萌芽时期

这一时期指秦汉至魏晋时期。

茶被当作一种文明健康的饮料，饮茶的习俗逐渐传播开来，大约是在秦统一中国之后。那时，茶叶原产地之一的巴蜀地区（今四川一带）的饮茶习俗开始传至中原，饮茶之风由南向北逐渐兴起并传播。《说文解字》写道："荼，苦荼也。""茗，荼芽也。"《神农食经》："荼茗久服，令人有力，悦志。"华佗在《食论》中提道："苦荼久食，益意思。"三国时期的张揖在《广雅》中记载了当时采茶、制茶和煮茶的情形。晋代文人杜育的《荈赋》和左思的《娇女诗》生动地描绘了茶叶生长和品茶的情形。以茶代酒、以茶养廉、以茶为礼的社会风气逐渐形成。

在文人阶层的大力提倡下，茶被赋予了茶礼、茶德等精神文化功能，饮茶之风渐渐盛行。

茶文化兴盛时期

自唐代起，茶艺开始向社会大众推广、普及，茶成为重要的社会消费品，并与文化艺术紧密相连，形成唐代特有的文化生活。在唐代，南方已有43个州、郡产茶，遍及今天南方13个产茶省区。因此，我国茶叶产区的格局在唐代已基本确立。

陆羽《茶经》为世界上第一部茶业专著，对采茶、制茶、煮茶、茶具、选水、茶史等多有记载和论述，为后人研究茶艺、茶文化提供了理论基础。除此之外，张又新的《煎茶水记》是世界上第一部评水的著作。在这一时期，文人雅士，如李白、卢仝、白居易、刘贞亮等人在文学方面的贡献也进一步推动了茶艺的完善与发展。如卢仝在《七碗茶歌》[①]中云：

一碗喉吻润，二碗破孤闷。
三碗搜枯肠，唯有文字五千卷。

---

① 《七碗茶歌》为《走笔谢孟谏议寄新茶》一诗的一部分。

四碗发轻汗，平生不平事，尽向毛孔散。
五碗肌骨清，六碗通仙灵。
七碗吃不得也，唯觉两腋习习清风生。

道出了品饮新茶的美妙感受和意境。又如元稹的《一字至七字诗·茶》：

茶。
香叶，嫩芽。
慕诗客，爱僧家。
碾雕白玉，罗织红纱。
铫煎黄蕊色，碗转曲尘花。
夜后邀陪明月，晨前独对朝霞。
洗尽古今人不倦，将知醉后岂堪夸。

既有对茶的描绘，又谈及饮茶习俗，以及茶的功效。

晚唐时期，茶园面积不断扩大。政府建立茶榷制度，即茶叶专卖制度，以增加财政收入，并开始征收茶税。茶文化在政治、经济、文化等领域的作用不断增强。

茶文化鼎盛时期

宋元时期是中国茶文化繁荣时期。边茶贸易和征收茶税已经成为政府重要的外交手段与财政收入来源。

茶叶经济中心南移，建安建立官焙、龙焙机构生产贡茶。茶叶种植和制作技艺进一步提高、完善。福建建州（今建瓯市）的北苑贡茶生产的龙团凤饼成为这一时期茶艺的主流。点茶技艺颇为盛行。北宋蔡襄的《茶录》、宋徽宗的《大观茶论》、范仲淹的《斗茶歌》，元朝时期赵孟頫的《斗茶图》（图 2.1）分别记录或描绘了斗茶的情形和过程，反映了人们对斗茶的喜爱。

宋代继续加强边疆地区的茶马互市，对维护边疆地区的生活安定和加强民族交流起到积极作用，也成为茶叶经济的重要力量。

随着茶文化的进一步普及和制茶技艺不断提高，宋元时期的茶具生产也进入到全新领域。这一时期的黑釉盏因斗茶之风盛行而备受推崇，福建建州的黑釉盏（图 2.2）闻名天下。

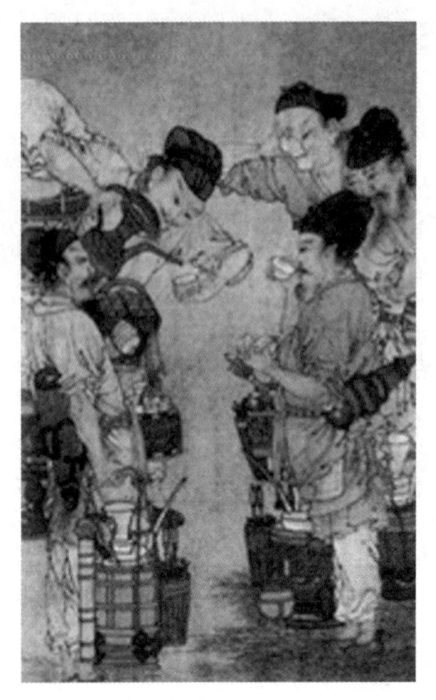

图 2.1 ［元］赵孟頫《斗茶图》

图 2.2 ［宋］黑釉兔毫盏

茶文化成熟稳定时期

明清时期是中国茶艺集大成时期。宋末，民间开始出现散茶。明代散茶正式大量生产并取代了团茶、饼茶。蒸青工艺被炒青替代，炒青绿茶、黄茶、白茶、黑茶、乌龙茶、红茶等基本茶类逐步完善。茶叶生产技术得到提高和全新发展，各地涌现出众多名茶。制茶、品茶理论也有很大发展。明代许次纾的《茶疏》、张源的《茶录》、田艺蘅的《煮泉小品》、朱权的《茶谱》及清代陆廷灿的《续茶经》、刘源长的《茶史》等著作推动了茶文化与茶艺的进步与发展。

明代开始，饮茶方式发生改变，并由此带动了茶具的变革。白瓷、青花瓷茶具仍占主流地位，制瓷工艺达到前所未有的高度。随着乌龙茶的出现，紫砂壶广受欢迎。茶艺与文人生活联系日益紧密，曲艺、评剧等文学艺术的创作在茶馆中得到迅速发展。百姓生活中饮茶之风得到普及。中国茶具、茶叶通过对外贸易大量传播到海外。中国茶文化和茶艺对世界各国饮茶习俗产生了深远影响。

近现代茶文化的复兴

晚清开始，中国沦为半殖民地半封建社会，社会动荡，经济衰退，茶叶经济也由此走向衰落，茶文化亦处于衰退阶段。直到新中国成立后，茶叶经济才开始恢复和发展。在各界人士的共同努力和推动下，多个茶叶团体（如中国茶叶学会等）相继成立，茶文化在中华大地开始复兴。

改革开放以来，我国经济快速发展，茶叶经济也得到迅速发展。2010年，社会科学文献出版社出版的《中国茶产业研究报告——茶业蓝皮书》指出：近年来中国茶业经济进入了快速发展的阶段，产业规模不断扩大，出口数量和金额屡创新高。2009年，中国茶园种植面积达到186万公顷，茶产量135万吨，均居世界第一；茶业出口30.3万吨，出口金额7.05亿美元，实现了历史性的双突破，总量和金额连续6年创历史新高。中国茶叶经济流通协会在其公布的《2021年中国茶叶产销形势报告》中提到，茶叶经济以国内消费市场为主，线上线下茶叶经济消费繁荣，中国茶叶经济发展呈持续稳定态势。总产值、总产量、内销量、内销额、出口量、出口额多项经济指标实现历史性突破。2021年，全国18个主要产茶省（自治区、直辖市）的茶园总面积为4 896.09万亩[①]，同比增加148.40万亩，增幅3.13%。其中，可采摘面积4 374.58万亩，同比增加228.40万亩，增长率5.51%。另据中国海关数据显示，2021年中国茶叶出口总量36.94万吨，比2020年增长2.05万吨，同比增长5.89%；出口总额22.99亿美元，比2020年增加2.61亿美元，同比增长12.82%。茶文化旅游、茶业会展经济、茶叶电子商务等领域也取得突出的发展。中国茶文化在国民经济稳定持续发展中和社会各界的大力支持下走向繁荣与辉煌。

饮茶方式的演变

纵观中国茶文化发展简史，饮茶方式经历了唐代煮茶法（即烹茶、煎茶法）、宋代点茶法和明代泡茶法三次重要演变。

煮茶法在陆羽的《茶经》里有详细的记载："晴，采之，蒸之，捣之，拍之，焙之，穿之，封之，茶之干矣。"煮茶法讲究对水温和火候的掌握。陆羽将水温分为三沸。水面出现细小的水珠，像鱼眼一样，并"微有声"，称为一沸。此时加入一些盐到水中调味。当锅边水泡如"涌泉连珠"时，为二沸。这时要用瓢舀出一瓢水备用，以竹夹在锅中心搅打，然后将茶末从中心倒进去。稍后锅中的茶水"腾波鼓浪""势若奔涛溅沫"，称为三沸。此时要将二沸舀出来的那瓢水再倒进锅里"育华救沸"，一锅茶汤就算煮好了。最后将煮好的茶汤舀进碗里饮用。

宋代点茶法的程序为炙茶、碾罗、候汤、烘盏、击拂，其关键为候汤和击拂。点茶的主要特点是：先将饼茶烤炙，再敲碎研成细末，用茶罗将茶末筛细，"罗细则茶浮，罗粗则末浮"。将筛过的茶末放入茶盏中，注入少量开水，搅拌均匀，再注入开水，用一种竹制的茶筅反复击打，使之产生泡沫（称为汤花），宋代斗茶讲究汤花越白越厚越好，达到茶盏壁不留水痕者为最佳状

① 亩：亩是非法定计量单位，1亩=666.7平方米。

态。宋代的点茶对日本的抹茶道影响深远。日本禅师荣西将宋代的点茶法介绍到日本，并著《吃茶养生记》，成为日本抹茶道的鼻祖。

明代，茶叶生产由制作团饼茶改为生产散茶，饮茶的方式也相应地发生了根本性的变化。明代改饮散茶以后，只要将茶叶置于茶壶、茶盏中用沸水冲泡即可，不仅大大简化了茶具，使操作简便易行，而且便于直接对茶观色、闻香、尝味和观形，增强了品茶的情趣，从而使饮茶进一步渗透到了千家万户的日常生活。散茶的冲泡去除了繁冗的茶艺流程，更加注重对茶的色香味的品鉴。紫砂壶泡法、青花瓷盖碗的冲泡法逐渐盛行，人们在品茶的同时又多了一份对茶具的审美与鉴赏。我们今天的饮茶方式即主要延续自泡茶法。

赛证直通

◁ 选择题

1. 宋代（　　）的产地是当时的福建建安。
   A. 龙井茶　　B. 武夷茶　　C. 蜡面茶　　D. 北苑贡茶
2. 汉族人的饮茶方式以（　　）为主。
   A. 清饮　　B. 调饮　　C. 煎汤饮　　D. 以茶入菜
3. 咸奶茶是（　　）的传统饮茶习惯。
   A. 一般汉族　　B. 满族　　C. 蒙古族　　D. 藏族
4. 在茶文化领域流芳千古的著名茶诗《七碗茶歌》的作者是（　　）。
   A. 陆羽　　B. 苏东坡　　C. 卢仝　　D. 乾隆
5. 陆羽在《茶经》中指出：宜茶之水（　　）为上。
   A. 山水　　B. 江水　　C. 井水　　D. 雨水

◁ 简答题

1. 简述中国茶文化的起源。
2. 简述中国茶文化的发展阶段。
3. 简述中国饮茶方式的演变。

第三专题
中国茶道的精神内涵

学习目标

- 知识目标：了解中国茶道的含义；理解中国茶道精神与儒释道的关联。
- 能力目标：掌握中国茶道精神内涵。
- 素养目标：了解现代学者总结的中国茶道所反映的“廉、美、和、敬”的中华优秀传统文化精神。

基础知识

茶道一词最初见于唐代封演的《封氏闻见记》中对唐代茶艺盛况的记载，“城市多开店铺，煎茶卖之，不问道俗，投钱取饮”，“穷日尽夜，殆成风俗。始于中地，流于塞外”，“又因鸿渐之论广润色之。于是茶道大行，王公朝士无不饮者”。唐代刘贞亮在《茶十德》中也明确提出：“以茶散郁气；以茶驱睡气；以茶养生气；以茶除病气；以茶利礼仁；以茶表敬意；以茶尝滋味；以茶养身体；以茶可行道，以茶可雅志。”唐代陆羽在《茶经·一之源》中说：“茶之为用，味至寒，为饮，最宜精行俭德之人。”陆羽把茶德归于饮茶人应具有的俭朴美德，而不单纯将茶饮看成是满足生理需要的饮品。古人对茶道的理解，超越了茶的物质层次，强调由茶引发的对人生哲理的思考和对道德精神的要求。茶道所追求的精神境界是茶文化的核心，也是最高层次。

知识详解

茶道的含义

现代茶学专家庄晚芳在其著作《中国茶史散论》中指出，茶道是通过饮茶对人们进行礼法教育和道德修养的一种仪式。他归纳中国茶道的基本精神为：“廉、美、和、敬”，意为“廉俭育德、美真廉乐、合诚处世、敬爱为人”。

吴觉农先生认为，应把茶视为珍贵、高尚的饮料，因为品茶是一种精神上的享受，是一种艺术，或是一种修身养性的手段。陈香白先生认为，中国茶道包含茶艺、茶德、茶礼、茶理、茶情、茶学说、茶道引导七种义理，中国茶道精神的核心是“和”。刘汉介先生提出，所谓茶道，是指品茗的方法与意境。关于中国茶道的基本精神，台湾茶艺学会会长吴振铎认为是“清、敬、怡、真”；茶学泰斗张天福先生提出了“俭、清、和、静”；茶文化专家林治总结为“和、静、怡、真”。

综合学者们的观点，茶道即品茗之道，注重精神享受和道德修养的提升。茶道是茶文化的核心和价值所在。中国的茶道精神以“和”为核心内涵。

中国茶道精神内涵

中国茶文化在不同的历史发展时期提出了不同的价值观，这些价值观构成了中国茶文化的核心内容。人们通过饮茶，明心净性，增强修养，提高审美情趣，完善人生价值取向，形成了高雅的精神文化。对茶道精神的概括，无论是“廉、美、和、敬”还是“俭、清、和、静”，都推崇“和”。“和”是中国儒教、佛教和道教共同的哲学理念。茶道追求的“和”源于《周易》中的“保合大和”，指世间万物皆由阴阳两要素构成，阴阳协调，保全大和之元气以普利万物。“和”是和美、和睦、和谐、和声、和合，是和衷共济；“和”是平稳、协调、均衡；“和”是平静、温和、祥和、平和；“和”是和气、和悦、和煦、和畅。茶道追求的“和”，是“大和”，是“中和”，也是“调和”。陆羽在《茶经》中有经典比喻：铁铸风炉从“金”，放置地上从“土”，炉中烧炭从“木”，木炭燃烧从“火”，风炉上煮的茶汤从“水”。煮茶的整个过程就是金木水火土五行相生相克，达到和谐平衡的过程。

在具体的茶事活动中，“和”的体现应该是全方位的。环境选择要和美，必须和茶事活动的主题与内容相适应，在布景、插花、熏香、挂画、音乐选择上要与冲泡的茶品相适宜；说话要和气，语速要平缓；表情要和颜悦色；客人要和平共处，讲究以和为贵。品茶的过程讲究以和为美，以和为本。

中国茶道精神与儒释道

儒家从“和”的哲学理念中推出中庸之道的中和思想。在儒家眼里，“和”是中、是度、是宜、是当，是一切恰到好处，无过亦无不及。儒家对和的诠释，在茶艺中表现得淋漓尽致：在泡茶时表现为“酸甜苦涩调太和，掌握迟速量适中”的中庸之美；在待客时表现为“奉茶为礼尊长者，备茶浓意表浓情”的明礼之伦；在饮茶过程中表现为“饮罢佳茗方知深，赞叹此乃草中英”的谦和之礼。儒家主张以茶协调人际关系，实现互爱、互敬、互助的大同理想，并以茶的清廉、高洁之精神磨练自己的意志，以茶利礼仁、表敬意、养恭廉、明伦理、倡教化。

道家哲学思想的精髓是天人合一。茶人认为，烹茶的过程就是将自己的身心与茶的精神沟通的过程；茶道是“自然”之道的一部分，道家追求“自然”，讲究淡泊超逸，它与茶的朴素、平淡的本性自然吻合。老子说：“至虚极，守静笃，万物并作，吾以观其复。夫物芸芸，各复归其根。归根曰静，静曰复命。”庄子说：“水静则明烛须眉，平中准，大匠取法焉。水静伏明，而况精神。圣人之心，静，天地之鉴也，万物之镜。”老子和庄子所启示的“虚静观复法”是人们明心见性、洞察自然、反观自我、体悟道德的方法。

佛家的哲学思想追求茶禅一味。唐代诗僧皎然在《饮茶歌诮崔石使君》中写道：“一饮涤昏寐，情思朗爽满天地。再饮清我神，忽如飞雨洒轻尘。三饮便得道，何需苦心破烦恼。”禅的意思是修心、静虑，主张用茶的雨露浇开人们心中的堡垒，使人明心见性，学习“清寂”态度、“和敬”精神，以澄明心境，洁身自好。

赛证直通

选择题

1. 古代文人生活中“挂画、插花、焚香与品茗”是（　　）的范畴。

   A. 参禅　　B. 茶艺　　C. 插花　　D. 养身

2. 茶文化的三个主要社会功能是（　　）。

   A. 修身、齐家、入仕　　B. 寡欲、清心、廉俭

   C. 雅致、敬客、行道　　D. 益思、明目、健身

3. （　　）提出的中国茶德“廉、美、和、敬”四字原则，引起了茶学界的广泛关注和讨论，成为中国茶道的基本精神。

   A. 吴觉农　　B. 庄晚芳　　C. 张天福　　D. 林治

判断题

1. 宋代的品茗方法主要有“煮茶法”“烹茶法”和“泡茶法”等。（　　）
2. 中国茶文化融合佛、儒、道诸派思想、独成一体，是中华文化中的宝贵财富。（　　）

简答题

1. 简述中国茶道的含义。
2. 简述中国茶道精神的内涵。

第二模块

茶艺基础

第四专题 基本礼仪

学习目标

- 知识目标：了解中华传统文化礼仪及茶艺基本礼仪规范。
- 能力目标：掌握茶艺师站姿、行姿和坐姿的礼仪规范；熟练掌握基础的茶艺礼仪动作。
- 素养目标：掌握茶人应具备的基本礼节和“平等、和谐、互敬”的待客之道。

基础知识

中国素有“礼仪之邦”的美誉。礼仪是表示尊敬的礼节与仪式。习茶不主张繁文缛节，但要注意应有的礼仪。习茶的目的在于自省修身，一般不用幅度很大的礼仪动作，而多采用含蓄、温文尔雅、谦逊、诚挚的礼仪动作。习茶首先要静，尽量用微笑、眼神、手势、姿势等示意，不主张用太多言语客套。习茶还要求稳重，因此调息静气是关键。一个小小的伸掌礼，动作轻柔而又表达清晰。行礼者必须掌握好用力分寸，气韵凝于手掌心，含而不露。茶艺师通过行茶礼展示茶文化的传统礼仪及谦和内敛的茶人风度。

操作技能

基本姿势

基本礼仪——基本姿势

容貌

茶艺表演者的容貌，要求端庄大方，气质优雅。所以，茶艺的表演者应适当修饰仪表。女性茶艺表演者要求着淡妆，妆色以恬静素雅为基调，切忌浓妆艳抹；男士茶艺表演者要求发式简洁大方，服装以中国传统服饰为主。

姿态

姿态是茶艺表演者身体呈现的样子。从中国传统的审美角度来看，人们推崇姿态的美高于容貌之美。中国古代用“一顾倾人城，再顾倾人国”来描述女子的迷人风姿。茶艺表演者在茶艺表演中的姿态也比容貌重要，需要从站、行、坐、跪等几种基本姿态进行训练。

站姿基本礼仪

站姿是茶艺表演中基本的姿势。在由单人负责一个品种的茶叶冲泡时，因要多次离席，让客人观看茶样，奉茶，奉点，等等，忽坐忽站不甚方便，或者桌子较高，操作不便，需采用站姿表演。另外，在茶艺表演中，无论用哪种姿态，出场后都得先站立，再过渡到坐或者跪等姿态。因此，站姿好比是舞台上的亮相，十分重要。

- 双脚呈“V”字或“丁”字形站立，身体挺直。
- 头正肩平，下颌微收，双眼平视，双肩放松，面带微笑。
- 男士双脚微呈外“八”字分开，左手在上，双手虎口交握置于腹前，表情自然。
- 女士右手在上，双手虎口交握置于腹前。如图 4.1 所示。

图 4.1　站姿

行姿基本礼仪

女士行姿

- 女士可以将双手虎口相交叉，右手搭在左手上，提放于腹前，以站姿作为准备。
- 以站姿为基础，行走时移动双腿，切忌上身扭动摇摆，尽量循一条直线行走。
- 行走时双臂随走动步伐自然摆动，表情自然。
- 到达来宾面前为侧身状态，需转成正向面对。
- 离开时应先退后两步再侧身转弯。

男士行姿

- 男士行走时双脚跟行两条线，步履比女士稍大。
- 行走时目视前方，上身正直，稍向前倾，两肩放平，收腹挺胸，步幅适度，双手自然摆动。
- 行姿稳健、大方。

坐姿基本礼仪

女士坐姿

- 端坐椅子中央，双腿并拢，使身体重心居中。
- 双腿膝盖至脚踝并拢，上身挺直，双肩放松。

- 头正肩平，下颌微敛；眼可平视或略垂视，面部表情自然。
- 右手在上，双手虎口交握，置于腿面或面前桌沿，如图 4.2 所示。
- 全身放松，调匀呼吸，集中注意力。
- 如果作为来宾被让于沙发就座，则可正坐，或双腿并拢偏向一侧斜坐（时间久可以换一侧），脚踝可以交叉，双手交握轻搭腿上。

图 4.2　坐姿

男士坐姿

- 端坐椅子中央，双腿分开，与肩同宽。
- 上身挺直，双肩放松。
- 头正肩平，下颌微敛；眼可平视或略垂视，面部表情自然。
- 双手分开如肩宽，半握拳轻搭前方桌沿。
- 全身放松，调匀呼吸，集中注意力。
- 如果作为来宾被让于沙发就座，可双手搭于扶手上，双脚必须平放，且不可抖动。

跪坐基本礼仪

在国际茶艺表演中，日本和韩国习惯采取席地跪坐的方式。在中国茶艺表演中，不习惯跪坐姿势，因此特别要进行针对性训练，以免在国际赛事或交往场合中动作失误。

跪坐基本礼仪之跪坐

- 两腿并拢，双膝跪在坐垫上，双足尖着地，臀部坐在双足上。也可以双足背向地，臀部坐在双足上。
- 挺腰，放松双肩；头正，下颌微敛。
- 双手交握搭放于大腿上，表情自然、大方，如图 4.3 所示。

图 4.3　跪坐

跪坐基本礼仪之盘腿坐

- 此姿势只限于男士。
- 双腿向内屈伸相盘，双手分别搭于两膝，其他姿势同跪坐。

跪坐基本礼仪之单腿跪蹲

- 左膝与左脚呈直角相屈，右膝与右足尖同时点地。
- 其他姿势同跪坐。
- 这一姿势常用于奉茶，如果桌面较高，可转换成单腿半蹲式，即左脚前跨膝微屈，右膝顶在左腿肚处。

基本礼仪动作

基本礼仪——基本动作

鞠躬礼

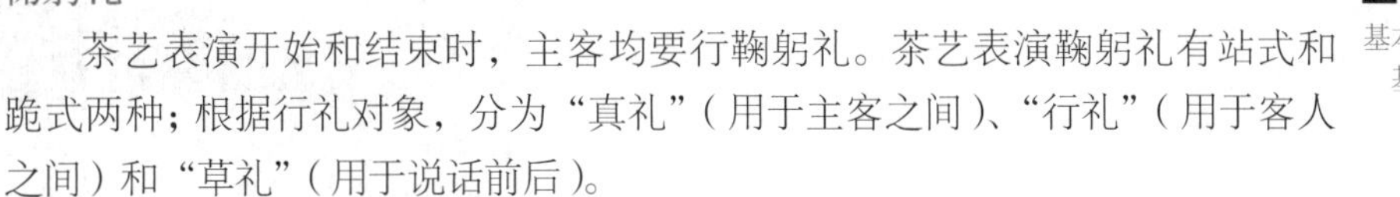

茶艺表演开始和结束时，主客均要行鞠躬礼。茶艺表演鞠躬礼有站式和跪式两种；根据行礼对象，分为“真礼”（用于主客之间）、“行礼”（用于客人之间）和“草礼”（用于说话前后）。

- 站立式鞠躬与坐式鞠躬比较常用，其动作要领是：上半身平直弯腰，弯腰鞠躬45°，到位后略做停顿，再慢慢直起上身。
- 行礼的速度宜与他人保持一致，以免出现不谐调感。
- “真礼”要求两手平贴大腿徐徐下滑，弯腰鞠躬90°。
- “行礼”与“草礼”弯腰程度较低，约15°。

伸掌礼

伸掌礼是茶艺表演中用得最多的示意礼。茶艺师或奉茶者向客人奉茶、敬奉各种物品时都用此礼，意思为“请”。当两人正相对时，均可伸右手掌行礼；若侧对时，右侧者伸右掌行礼，左侧者伸左掌行礼。

- 将手斜伸在所敬奉的物品旁边，四指自然并拢，虎口稍分开，手掌略向内凹，手心中要有含着一个小气团的感觉。
- 手腕要含蓄用力，不致使动作轻浮。
- 行伸掌礼同时应欠身点头微笑，讲究一气呵成，寓意“请”和“谢谢”，如图4.4所示。

图4.4　伸掌礼

寓意礼

寓意礼之“凤凰三点头”

- 右手提开水壶靠近茶杯（或茶壶）口注水。
- 提腕使开水壶提升，此时水流如“酿泉泄出于两峰之间”。
- 接着仍压腕将开水壶靠近茶杯（或茶壶）继续注水。如此反复三次，恰好注入所需水量即提腕断流收水。寓意向来宾三鞠躬行礼，以示敬意。
- 茶壶放置时，壶嘴不能正对客人，否则表示请客人离开。

寓意礼之双手内旋

- 在进行回转注水、斟茶、温杯、烫壶等动作时用到双手回旋，则右手必须按逆时针方向、左手必须按顺时针方向动作，类似于招呼手势，寓意“来、来、来”表示欢迎；反之则变成暗示挥斥“去、去、去”了。

女士捧与端手法

女士捧与端手法之捧法

- 准备姿势：亮相时的双手姿势，即两手虎口相握，右手在上，收于胸前。
- 将交叉相握的双手拉开，虎口相对。
- 虎口相对的双手向内、向下转动手腕；继续转动手腕，各打一圆使垂直向下的双手掌转成手心向下。
- 两手慢慢相合，掌心相对。
- 两手合捧起茶道组（或茶叶罐等立式物品），并将捧起的茶道组端至胸前，如图 4.5 所示。
- 双手沿弧形轨迹将捧起的茶道组移向应安放的位置。

图 4.5　捧法

女士捧与端手法之端法

- 双手向内旋转，两拇指尖相对，另四指向掌心屈伸成弧形。
- 继续内转手腕，使拇指尖转向下，另四指向掌心屈伸成弧形。
- 两手心相对并接近茶杯（或茶荷等物件）。
- 将茶杯端起后平移至所需位置。
- 动作完成后双手合拢收回。

男士捧与端手法

男士捧与端手法之捧法

- 准备姿势：亮相时的双手姿态为两手半握拳搭靠在身前桌沿，两手距离大约与肩同宽。
- 单手提起，张开虎口握住物体基部，收至自己的胸前，将物体平移到一定位置。
- 或双手提起，合抱捧住物体，收至自己的胸前，沿弧形轨迹将物体安放到一定位置。

男士捧与端手法之端法

- 捧好物体后，双手离开物体，并沉肘，两手合抱将物品端起，并放到一定位置。

操作手法基本要求

- 动作自然协调，切忌生硬与随便。讲究调息静气，发乎内心，行礼轻柔而又表达清晰。

赛证直通

基础知识部分

选择题

1. 茶艺表演者的服饰要与（　　）相配。

A. 表演场所　B. 宾客　C. 茶叶品质　D. 茶艺内容

2. 茶艺师行握手礼时通常（　　）与初次相交的顾客行握手礼。

A. 主动　B. 不主动　C. 回避　D. 热情地

3. 茶艺服务中，茶艺师与品茶客人交流时要（　　）。

A. 态度和蔼、热情友好　B. 低声说话、缓慢和气

C. 快速回答、简单明了　D. 严肃认真、语气平和

判断题

1. 茶艺师站立时应下颌抬起，头正肩平；双眼平视，双肩自然放松。（　　）
2. 男茶艺师坐下时双手分开如肩宽，半握拳轻搭前方桌沿。（　　）

简答题

1. 茶艺基本礼仪有哪些？
2. 礼仪动作之寓意礼有哪几种，各有什么样的要求？

操作技能部分

内容（表 4.1）

表 4.1　操作技能考核内容

考核项目	考核标准
茶艺基本姿势	准确掌握茶艺礼仪中的站姿、行姿、坐姿。要求基本姿势规范、熟练、大方
茶艺基本礼仪动作	准确掌握茶艺礼仪动作中的双手内旋、“凤凰三点头”的寓意手法；掌握端与捧的动作。要求礼仪动作规范、熟练、大方

方式

实训室微笑、鞠躬、站、坐、行等姿态及奉茶礼仪操作训练与考核。

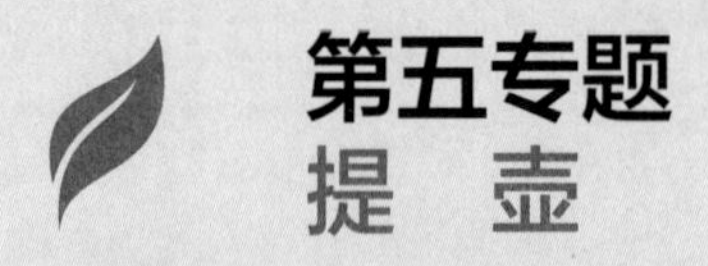

第五专题 提　壶

学习目标

- 知识目标：了解茶壶的分类知识。
- 能力目标：掌握各式茶壶的提拿方法。
- 素养目标：掌握规范、稳重、大方的提壶手法及“适度”“典雅”的茶具审美标准。

基础知识

茶壶是在冲泡茶叶过程中最常用、最基本的器具，因此，对茶壶的认知是习茶之人必备的常识。茶壶由壶盖、壶身、壶底和圈足四部分组成。壶盖有孔、钮、座等细部。壶身有口、延（唇墙）、嘴、流、腹、肩、把（柄、板）等细部。由于壶的把、盖、底、形等细微部分的不同，壶的基本形态多样，有近 200 种。不同壶和杯的构造使得握壶、端杯的手法也有所不同。

壶的构造

- 壶身。壶身指壶的身体，主要用于储水。
- 流。流指茶从壶身流出来的部分，包括流的尖端开口处称为嘴的部分和流在壶身里面作为茶汤的进口处称为孔的部分。孔因制作方法不同分为单孔、网孔和蜂窝三种。
- 口。在壶肩的上面有个开口作为置茶及冲水的地方。
- 盖。盖在口上为密合之用。盖包括作为打开盖子的钮和在钮上的气孔。气孔是作为倒茶时调和内外压力用的。在盖的下方有一凸出称为墙，作为盖与口接合所用。
- 壶身的把手称为提，为举壶倒茶时所用。壶身的凸出部分称为腹，腹的下面称为底。底上有圈足，因为绕壶底一圈，作为壶的立足，所以叫圈足。

茶壶的分类

以把划分

- 侧提壶：壶把为耳状，在壶嘴的对面，如图 5.1 所示。
- 提梁壶：壶把在盖上方，为虹状，如图 5.2 所示。

图 5.1 侧提壶

图 5.2 提梁壶

- 飞天壶：壶把在壶身一侧上方，为彩带习舞状，如图 5.3 所示。
- 握把壶：壶把圆直形，与壶身呈 90° 角，如图 5.4 所示。
- 无把壶：壶把省略，手持壶身头部倒茶，如图 5.5 所示。

图 5.3 飞天壶

图 5.4 握把壶

图 5.5 无把壶

以盖划分

- 压盖：盖平压在壶口之上，壶口不外露。
- 嵌盖：盖嵌入壶内，盖沿与壶口平。
- 截盖：盖与壶身浑然一体，只显截缝。

以底划分

- 捺底：将壶底捺成内凹状，不另加足。
- 钉足：在壶底上加上三颗外凸的足。
- 加底：在壶底四周加一圈足。

以有无滤胆划分

- 普通壶：上述的各种茶壶，均无滤胆。
- 滤壶：在上述的各种茶壶中，壶口安放一只直桶形的滤胆或滤网，使茶渣与茶汤分开。

以形状划分

- 筋纹形：在壶的外壁上有凹形的纹线，称为筋；筋与筋之间的壁隆起，有圆泽感。
- 几何形：以几何图形为基础进行造型，如正方形、长方形、菱形、球形、椭圆形、圆柱形、梯形等。
- 仿生形：又称自然形，仿各种动物或植物造型，如南瓜壶、梅桩壶、松干壶、桃子壶、金蟾壶等。
- 书画形：在制成的壶上，刻凿出文字、诗句或人物、山水、花鸟等。

茶壶适用标准

一把茶壶是否适用，取决于用其进行置茶、泡茶、斟茶及清洗、置放等操作的便利程度及茶水有无滴漏。首先，纵观整体：一则壶嘴、壶口与壶把顶部应呈“三平”或虽突破“三平”仍不失稳重，唯把顶略高；二则对侧提壶而言，壶把提拿时重心垂直线所成角度应小于45°，易于掌握重心；三则出水流畅，不漏水，壶嘴断水时无余水沿壶壁外流滴落。另外，壶口、水孔、壶嘴、壶把、壶形等也应符合适用标准。

壶口

- 为便于置放茶叶及夹取茶渣，壶口直径不宜小于3.5 cm（可伸入并拢的双指）。若是嵌盖式壶口，则不能在壶口内侧形成凸起的一圈，否则不利于去渣、涮壶。为避免倒茶时水从壶口先出，可将壶嘴方的壶口上扬。

水孔

- 茶壶的水孔有单孔、网状孔和蜂窝孔三种。一般小壶为单孔，易被浸泡后的茶叶堵塞，使“流”出的水不畅，尤以喇叭状小孔为甚，冲泡时常需用茶针疏通，故其“流”为直形。网状孔可以直接制坯而成，亦可在单孔外加金属网，避免茶叶入“流”堵塞，但仍易为单片叶底粘住，出现水流不畅。最佳水孔为蜂窝状，即将水孔处制成一半球状，向壶身内凸起，凸面上布满蜂窝状小孔，即使被单片叶粘着，也只是盖住了一部分小孔，又因是凸面，很快会滑落，不易堵塞。

壶嘴

- 要求出水顺畅，流速适中，水注成线，特别是“断水”要良好，即斟好茶后，壶嘴的水能马上回落，不会沿“流”的外壁滴于杯外。“断水”功能与壶盖是否密封有关，选购时应注水试用。

壶把

作为壶的提握部位，壶把的重心十分关键。冲满水的茶壶靠手腕提握，提握位置不对，则未斟茶时已洒出茶水。前文已述，侧提壶之“三平”等原则应牢牢记住。从把的形状来看，固定的提梁壶把，必须加大梁的高度和宽度，使掀盖、置茶、去渣方便，但斟茶时又显笨拙，可改用活动壶把，则可扬长避短。一般多用侧提壶，操作方便，且可使泡茶的姿态优雅。

壶形

壶形的种类很多，同类壶的大小、高低和直径的比例、装饰花纹等千变万化。壶形的好坏直接影响到泡茶时的动态美观。方便实用的壶使用起来得心应手，更增添了一份泡茶技艺的美感。在泡茶之前，可专门用一段时间观赏茶具，如举行茶会时，各茶人首先彼此观摩茶具，从每人所备茶具的风格，可想见其人的文化层次、个人修养、茶艺造诣等。在选择壶形时，应摒弃华而不实的装饰，以质朴实用为佳。如冲泡绿茶之壶，为保持绿茶特有的色泽，除控制水温外，须选用口大（有的大到与壶身直径相同）、壁薄（易传热，与质地也有关）的扁腹形壶，取其散热快的长处，令茶汁色碧而清冽；若冲泡乌龙茶，则应选口小、壁厚或多细密气孔、高度与直径相仿的紫砂壶或盖碗，取其保温性好的长处，使茶汤浓香诱人，余味不绝。

茶与壶的搭配

选择适当的茶具是泡好茶的关键。一般至少需要准备两把壶，因茶叶的不同而选择不同的壶。重香气的茶叶要选择硬度较大的壶，如瓷壶、玻璃壶。绿茶、轻发酵的包种茶类是比较重香气的茶，如龙井、碧螺春、文山包种茶、香片茶及其他嫩芽茶叶等。重滋味的茶要选择硬度较低的壶，如陶壶、紫砂壶。乌龙茶类是比较重滋味的茶叶，如铁观音、水仙、单丛等，其他如外形紧实、枝叶粗老的茶，如普洱老茶等，应选择陶壶、紫砂壶来冲泡。

壶的硬度与器皿的烧制温度相关。烧制的温度越高，壶的硬度就越大。陶器、瓷器等器皿，烧结温度必须在 1 100 ℃以上，才能作为安全的器皿。瓷器比陶器硬度大，玻璃比瓷器大。鉴别器皿硬度大小有一个简便方法，可以用一根金属棒敲击壶身。发出的声音尖锐，则壶的硬度较大；声音低沉，则壶的硬度较小。

茶壶的情理非常重要。有些人泡完茶后，并不好好清理茶壶，甚至以为茶壶不洗，沾满茶垢，表示这个茶壶已经用得很久，这是不正确的观念。茶壶每用一次就得清洗，并且要擦拭干净，好好保管。经常耐心地整理，擦拭，持之以恒，茶壶自然能够如古玉生辉，这就是我们常说的“养壶”。养壶是茶人怡情之修养，有益智的功效。

“一把好壶就是一首诗。”它含蓄深邃的意境给人以无穷的回味，而佳茗就是需要好壶来表现。一包好茶得不到合适的壶来冲泡，是一件很遗憾的事。每一种茶各有其不同的特性，什么茶需要配以什么壶是很有讲究的。泡茶的壶一般分为陶壶、瓷壶、石壶、铁壶等。常用的陶壶和瓷壶，可以从以下几方面来区别。

- 制作原料不同。瓷器用瓷土（高岭土），陶器用黏土。
- 颜色不同。瓷器为白色，陶器有红色、褐色、黄色、绿色等颜色。
- 温度不同。瓷器经过 1 250 ℃以上的高温烧制而成，陶器则在 1 250 ℃以下烧制而成。
- 透光度不同。瓷器透光，陶器不透光。
- 密度、硬度不同。瓷器密度、硬度较大，陶器则密度、硬度较小。

操作技能

所需物品

- 侧提壶（大型壶、中型壶、小型壶）、飞天壶、握把壶、提梁壶、无把壶。

提壶基本手法

侧提壶

- 大型壶。右手食指、中指勾住壶把，大拇指与食指相搭；左手食指、中指按住壶钮或盖；双手同时用力提壶。
- 中型壶。右手食指、中指勾住壶把，大拇指按住壶盖一侧提壶。
- 小型壶。右手拇指与中指勾住壶把，无名指与小拇指并列抵住中指，食指前伸呈弓形压住壶盖的盖钮或其基部，提壶。

基本操作——提壶

飞天壶

- 右手大拇指按住盖钮，其余四指勾握壶把提壶，如图 5.6 所示。

图 5.6　飞天壶的提法

握把壶

- 右手大拇指按住盖钮或盖一侧，其余四指握壶把提壶。

提梁壶

- 右手除中指外四指握住偏右侧的提梁，中指抵住壶盖提壶（若提梁较高，则无法抵住壶盖。此时五指握提右侧提梁，如图 5.7 所示）。大型壶（如开水壶）亦用双手法——右手握提梁把，左手食指、中指按住壶的盖钮或壶盖。也可用托提法，即右手四指平托提梁底部，拇指平搭在提梁上部，提腕，提壶，如图 5.8 所示。

图 5.7 提梁壶的握提法

图 5.8 提梁壶的托提法

无把壶

- 右手虎口分开，平稳握住茶壶口两侧外壁（食指亦可抵住盖钮），提壶。

提壶基本要求

- 选择各式规格、种类的壶，且壶的质量、大小合乎标准。
- 不同种类的壶需要不同的操作手法来提壶。
- 学习提壶时，壶中需注满热水。

提壶操作规范（表 5.1）

表 5.1 提壶操作规范

壶的类别	操作规范
侧提壶	1. 净手并检查壶的规格和质量 2. 大型侧提壶需要双手提 3. 中性侧提壶的提拿应该单手操作 4. 小型侧提壶在提壶时，应注意食指前伸呈弓形压住壶盖的盖钮或其基部，然后单手提壶
飞天壶	右手大拇指按住盖钮，其余四指勾握住壶把提壶
握把壶	右手大拇指按住盖钮或盖一侧，其余四指握壶把提壶
提梁壶	小型提梁壶用右手除中指外四指握住偏右侧的提梁，中指抵住壶盖提壶。大中型提梁壶用五指平握提梁部位或托提
无把壶	右手虎口分开，平稳握住茶壶口两侧外壁（食指亦可抵住盖钮），提壶

赛证直通

基础知识部分

选择题

泥色多变耐人寻味，壶经久用反而光泽美观是（　　）优点之一。

A. 紫砂茶具　　B. 竹木茶具　　C. 金属茶具　　D. 玻璃茶具

判断题

1. 提梁壶的提拿——握提法：右手四指握住提梁右侧，拇指向下压住上梁；左手可以辅助压壶盖；抬腕提壶。（　　）
2. 紫砂壶适合用于冲泡水温约 80 ~ 90℃的绿茶。（　　）

简答题

1. 茶壶按照壶把可分为哪几种？
2. 飞天壶的提拿要领是什么？

操作技能部分

内容（表 5.2）

表 5.2　操作技能考核内容

考核项目	考核标准
提壶	准确掌握各式茶壶提拿时的基本手法。要求动作规范、熟练

方式

实训室操作提壶、握壶的基本手法。

第六专题 握 杯

学习目标

- 知识目标：了解并认识各式茶杯。
- 能力目标：熟练掌握玻璃杯、公道杯、品茗杯握杯的基本操作规范。
- 素养目标：掌握规范、稳重、得体的握杯手法及传统的“敬茶”礼仪。

基础知识

茶杯作为盛茶用具，分大小两种。小茶杯主要用于茶汤的品饮，故也称品茗杯；大茶杯也可直接用作泡茶用具，用于高级细嫩名茶的冲泡和品饮。茶杯按照制作的材料一般可分为紫砂杯、瓷质杯和玻璃杯等。茶杯的质地、大小与所配套的茶壶、浸泡的茶叶的种类有关。白瓷茶杯耐高温，利于直观茶汤颜色；玻璃茶杯利于观察茶叶嫩度；紫砂杯古朴典雅，利于品啜茶的醇厚口感。

小茶杯（品茗杯）

- 翻口杯：杯口向外翻，似喇叭状。
- 敞口杯：杯口大于杯底。
- 直口杯：杯口与杯底同大。
- 收口杯：杯口小于杯底，也称鼓形杯。
- 把杯：附加把手的茶杯。
- 盖杯：附加盖子的茶杯，有把或无把。通常在会议、茶话会时使用。
- 内上白釉杯：为便于赏色，使用有色杯时宜取内上白釉之杯。
- 闻香杯：盛放泡好的茶汤，倒入品茗杯后，闻嗅留在杯底余香之器具。该器皿在品鉴乌龙茶时经常使用。

杯托

- 盘形：托沿矮小呈盘状。
- 碗形：托沿高耸，茶杯下部被托沿包围。

- 高脚型：杯托下有一圆形脚。杯托中心留一空洞，洞沿上固定有杯底，下为托足。杯中残汤可倒入托内。

大茶杯（可直接放入茶叶冲泡饮用）

- 筒形杯：主要是玻璃茶杯。
- 把杯：瓷质把杯及瓷质杯托。
- 有盖杯：有把或无把。

大茶碗

- 尖底大茶碗：口大底小，常称为茶盏，直接放茶叶泡饮。
- 圆底大茶碗：碗底呈圆形，直接放茶叶泡饮。

公道杯

- 圈顶式公道杯：圈顶是杯口，也是拿取的地方。公道杯的主要作用在于匀茶后的分茶，所以杯口的断水功能很重要。
- 筒式公道杯：无盖，从杯身拉出一个简单的倒水口，有柄或无柄。
- 加过滤式公道杯：在杯口上加个高密度的不锈钢滤网，杯中的茶水倒入茶杯时，可将细微的茶渣去掉，使茶汤清澈洁净，不必另用过滤网。

操作技能

所需物品

- 有柄杯、无柄杯，玻璃杯、闻香杯、品茗杯、盖碗、公道杯。

翻杯基本手法

无柄杯

- 右手虎口向下、手背向左（即反手）握茶杯的左侧基部，左手位于右手手腕下方，用大拇指和虎口部位轻托在茶杯的右侧基部；双手同时翻杯成手心相对，捧住茶杯，轻轻放下。对于很小的茶杯，如乌龙茶泡法中的饮茶杯，可用单手动作，左右手同时翻杯，即手心向下，用拇指与食指、中指三指扣住茶杯外壁，向内转动手腕成手心向上，轻轻将翻好的茶杯置于茶盘上。

有柄杯

- 右手虎口向下、手背向左（即反手），食指插入杯柄环中，用大拇指与食指、中指三指捏住杯柄，左手手背朝上，用大拇指、食指与中指轻扶茶杯右侧基部；双手同时向内转动手腕，茶杯翻好后轻轻置于杯托或茶盘上。

握杯基本手法

基本操作——握杯

大茶杯

- 无柄杯：右手虎口分开，握住茶杯基部。女士需用左手指尖轻托杯底。
- 有柄杯：右手食指、中指勾住杯柄，大拇指与食指相搭。女士需用左手指尖轻托杯底。如图 6.1 所示。

闻香杯

- 右手虎口分开，手指虚拢成握空心拳状，将闻香杯直握于拳心；也可双手掌心相对虚拢做合十状，将闻香杯捧在两手间。如图 6.2 所示。

图 6.1　大茶杯握法

图 6.2　闻香杯握法

品茗杯

- 右手虎口分开，大拇指、中指握杯两侧，无名指抵住杯底，食指及小指则自然弯曲，称“三龙护鼎”法；女士可以将食指与小指微外翘呈兰花指状，左手指尖必须托住杯底。

盖碗

- 右手虎口分开，大拇指与中指扣在杯身中间两侧，食指屈伸按在盖钮下凹处，无名指及小指自然搭扶碗壁。女士应双手将盖碗连杯托端起，置于左手掌心后如前握杯，无名指及小指可微外翘做兰花指状。如图 6.3 所示。

公道杯

- 有柄公道杯：右手食指、中指勾住杯把；右手拇指与食指相搭，按住杯把，无名指、小拇指自然弯曲；右手自然握空心拳，拿起公道杯。如图 6.4 所示。

图 6.3　盖碗握法

图 6.4　公道杯握法

- 无柄公道杯：右手虎口分开，拇指和其余四指平稳握住杯口两侧外壁（有盖的公道杯要求食指抵住盖钮），拿杯。

翻杯、握杯基本要求

- 选择各种材质、类型的茶杯，且茶杯的质量、大小合乎标准。
- 不同种类的茶杯需要不同的操作手法来握取。
- 学习握杯时，杯中需要注入七分满的热水。

翻杯的操作规范（表 6.1）

表 6.1　翻杯的操作规范

项目	操作规范
大无柄杯翻法	1. 右手虎口向下、手背向左（即反手）握茶杯的左侧基部 2. 左手位于右手手腕下方，用大拇指和虎口部位轻托在茶杯的右侧基部 3. 双手同时翻杯呈手心相对，捧住茶杯，轻轻放下
小品茗杯翻法	1. 用单手动作左右手同时翻杯，即手心向下，用拇指与食指、中指三指扣住茶杯外壁 2. 向内动，手腕转向手心再向上 3. 轻轻将翻好的茶杯置于茶盘上
有柄杯翻法	1. 右手虎口向下、手背向左（即反手）、食指插入杯柄环中 2. 用大拇指与食指、中指三指捏住杯柄 3. 左手手背朝上用大拇指、食指与中指轻扶茶杯右侧基部 4. 双手同时向内转动手腕，茶杯翻好轻轻置杯托或茶盘上

握杯的操作规范（表 6.2）

表 6.2　握杯的操作规范

项目	操作规范
闻香杯握法	1. 右手虎口分开，手指虚拢成握空心拳状，将闻香杯直握于拳心 2. 左手斜搭于右手外侧上方闻香 3. 也可双手掌心相对虚拢合十，将闻香杯捧在两手间闻香
品茗杯握法	1. 右手虎口分开，大拇指、食指握杯两侧，中指抵住杯底，无名指及小指则自然弯曲，称“三龙护鼎法” 2. 女士握杯，右手虎口分开，大拇指、中指握杯两侧，无名指抵住杯底，食指及小指则自然弯曲，可以将食指与小指微外翘呈兰花指状 3. 左手指尖可托住杯底
无柄杯握法	1. 右手虎口分开，握住茶杯基部，女士需用左手指尖轻托杯底 2. 右手握杯
有柄杯握法	1. 右手食指、中指勾住杯柄，大拇指与食指相搭，女士用左手指尖轻托杯底 2. 右手握杯
有柄公道杯拿法	1. 右手食指、中指勾住杯把 2. 右手拇指与食指相搭，按住杯把，无名指、小拇指自然弯曲 3. 右手自然握空心拳，拿起公道杯
无柄公道杯拿法	1. 右手虎口分开，拇指和其余四指平稳握住茶壶口两侧外壁（有盖公道杯要求食指抵住盖钮） 2. 拿杯
男士盖碗握法	右手虎口分开，大拇指与中指扣在杯身中间两侧，食指屈伸按在盖钮下凹处，无名指及小指收拢，自然搭扶碗壁
女士盖碗握法	双手将盖碗连杯托端起，置于左手掌心，无名指及小指可微外翘作“兰花指”状

赛证直通

基础知识部分

选择题

1. 玻璃盖碗和玻璃杯适合冲泡（　　）。

A. 花茶　　B. 黑茶　　C. 绿茶　　D. 乌龙茶

2. 公道杯的使用主要是为了（　　）。

A. 出汤　　B. 匀汤　　C. 赏茶　　D. 闻香

3. 根据待客习俗和习茶礼仪，出汤注水入品茗杯需以（　　）茶水量为宜。

A. 一半　　B. 七分满　　C. 三分满　　D. 八分满

简答题

1. 茶杯的分类有哪几种?
2. 盖碗如何握杯?

操作技能部分

内容（表 6.3）

表 6.3　操作技能考核内容

考核项目	考核标准
翻杯手法	准确掌握翻转无柄杯、有柄杯的基本手法。要求动作规范、熟练
闻香杯握法	准确掌握闻香杯的握法。要求动作规范、熟练
公道杯握法	准确掌握公道杯的握法。要求动作规范、熟练
盖碗的握法	准确掌握盖碗的握法。要求动作规范、熟练

方式

实训室操作翻杯、握杯及端盖碗的手法。

第七专题
温壶、洗杯

学习目标

- 知识目标：了解温壶、洗杯的基本操作手法。
- 能力目标：熟练掌握温紫砂壶、洗玻璃杯的基本操作规范。
- 素养目标：掌握规范、灵巧的温壶、洗杯手法及保持茶具温度和清洁的茶艺师职业素养。

基础知识

在冲泡茶叶之前，把泡茶时所需的茶具温烫一遍是茶艺表演或自家品茶必不可少的步骤。温壶、洗杯的主要目的是清洁；通过温壶、洗杯的步骤，也会使茶具的温度上升，从而使茶汤香气尽快散发出来。

操作技能

基本操作——温壶、洗杯

所需物品

- 随手泡（煮水器）、紫砂壶、大茶杯、小茶杯、玻璃杯、公道杯、滤网、茶道组、茶巾、水盂、茶盘（或茶船）。

温壶基本手法

- 开盖。左手大拇指、食指与中指按壶盖的壶钮，揭开壶盖，提腕依半圆形轨迹将其放入茶壶左侧的茶盘中。
- 注汤。右手提开水壶，按逆时针方向加回转手腕一圈低斟，使水流沿圆形的茶壶口冲入；然后提腕令开水壶中的水高冲入茶壶（此手法通常称为悬壶高冲）

待注水量约为茶壶总容量的 1/2 时复压腕低斟，回转手腕一圈并用力令壶流上翻，令开水壶及时断水，轻轻放回原处。如图 7.1 所示。

- 加盖。左手完成，将开盖顺序颠倒即可。
- 温壶。双手取茶巾横覆在左手手指部位，右手三指握茶壶把放在左手茶巾上，单手或双手按内旋方式转动手腕，令茶壶壶身各部分充分接触开水，将冷气涤荡无存。如图 7.2 所示。

图 7.1　注汤

图 7.2　温壶

- 倒水。根据茶壶的样式，以正确手法提壶将水倒入水盂。

温公道杯及滤网基本手法

- 用开壶盖法揭开杯盖（无盖者省略），将滤网置放在公道杯内，注开水，其余动作同温壶手法。

洗杯基本手法

大茶杯

- 右手提开水壶，逆时针转动手腕，令水流沿茶杯内壁冲入，注水量约占茶杯总容量的 1/3，后右手提腕断水；逐个茶杯注水完毕后，开水壶复位。
- 右手握茶杯基部，左手托杯底，右手手腕逆时针转动，双手协调令茶杯各部分与开水充分接触。
- 涤荡后将开水倒入水盂，放下茶杯。

小茶杯（方法一）

- 翻杯时即将茶杯相连排成“一”字或圆圈，右手提壶，用往返斟水法或循环斟水法向各杯内注入开水至满，水壶复位。

- 右手大拇指、食指和中指端起一只茶杯侧放到邻近一只杯中，用食指拨动杯身如“滚绣球”状，令其旋转，使茶杯内外均被开水烫到。
- 复位后取另一茶杯再温，直到最后一只茶杯，杯中温水轻荡后倒去。通常在排水型双层茶盘（俗称茶海）上进行洗杯，将弃水直接倒入茶盘即可。

小茶杯（方法二）

- 将小茶杯放入水盂中，冲水入内；左手半握拳搭在桌沿，右手从茶道组中取茶夹。
- 右手用茶夹夹住杯沿一侧，侧转茶杯在水中滚荡一圈。
- 右手用茶夹反夹起小茶杯，倒去杯中水。
- 右手旋转手腕顺提小茶杯置于茶盘上。

玻璃杯

- 单手或双手提开水壶沿逆时针回旋冲水入杯。
- 右手握杯，左手平托端杯；双手手腕逆时针回旋，先向内方向旋转，再向右方向旋转，使玻璃杯各部位均匀受热。
- 双手向右即反向搓动玻璃杯，使热水沿玻璃杯四周滚动后再将杯中之水倒入水盂；双手将玻璃杯端起并轻轻放回茶盘上。

温壶、洗杯基本要求

- 选择茶壶、茶杯的质量、大小应合乎标准。
- 温壶、洗杯时的操作手法应严格按照要求来进行。
- 学习温壶、洗杯时，需注入热水进行操作。

温壶操作规范（表 7.1）

表 7.1　温壶操作规范

程序	操作规范
温壶手法	1. 开盖。左手大拇指、食指与中指按壶盖的壶钮上，揭开壶盖，提腕依半圆形轨迹将其放入茶壶左侧的盖置（或茶盘）中 2. 注汤。右手提开水壶，按逆时针方向加回转手腕一圈低斟，使水流沿圆形的茶壶口冲入；然后提腕令开水壶中的水高冲入茶壶；待注水量约为茶壶总容量 1/2 时复压腕低斟，回转手腕一圈并用力令壶流上翻，令开水壶及时断水，轻轻放回原处 3. 加盖。左手完成，将开盖顺序颠倒即可 4. 温壶。双手取茶巾横覆在左手手指部位，右手三指握茶壶把放在左手茶巾上，双手协调按逆时针方向转动手腕如滚球动作，令茶壶壶身各部分充分接触开水，将冷气涤荡无存 5. 倒水。根据茶壶的样式以正确手法提壶将水倒入水盂或茶船

洗杯操作规范（表 7.2）

表 7.2 洗杯操作规范

项目	操作规范
温公道杯及滤网	1. 用开壶盖法揭开盅盖（无盖者省略） 2. 将滤网置放在盅内，注开水及其余动作同温壶法
洗大茶杯	1. 右手提开水壶，逆时针转动手腕，令水流沿茶杯内壁冲入 2. 注水量约为总量的 1/3，后右手提腕断水 3. 逐个注水完毕后开水壶复位 4. 右手握茶杯基部，左手托杯底，右手手腕逆时针转动，双手协调令茶杯各部分与开水充分接触 5. 涤荡后将开水倒入水盂，放下茶杯
洗小茶杯（方法一）	1. 翻杯时即将茶杯相连排成一字或圆圈 2. 右手提壶，用循回斟水法向各杯内注入开水，热水壶复位 3. 右手大拇指、食指和中指端起一只茶杯侧放到邻近一只杯中，用食指勾动杯身如“滚绣球”状拨动茶杯，令其旋转，使茶杯内外均受热 4. 复位后取另一茶杯再洗 5. 直到最后一只茶杯，杯中温水轻荡后将水倒去（通常在排水型双层茶盘上进行温杯，将弃水直接倒入茶盘即可）
洗小茶杯（方法二）	1. 将小茶杯放入茶盂中，冲水入内 2. 左手半握拳搭在桌沿 3. 右手从茶道组中取茶夹 4. 右手用茶夹夹住杯沿一侧，侧转茶杯在水中滚荡一圈 5. 右手用茶夹反夹起小茶杯，倒去杯中水 6. 右手旋转手腕顺提小茶杯置于茶盘上
洗玻璃杯	1. 单手或双手逆时针回旋冲水入杯 2. 右手握杯，左手平托端杯；双手手腕逆时针回旋，先向内方向旋转，再向右方向旋转，双手向右即反向搓动玻璃杯 3. 双手反向搓动玻璃杯，再将杯中之水倒入水盂；双手将杯端起放回茶盘上

赛证直通

基础知识部分

选择题

1.（　　）夹杂物直接影响茶叶的品质和食品卫生。

A. 泥沙　　B. 茶朴　　C. 茶籽　　D. 茶梗

2. 台湾“吃茶流”茶艺程序中“浇壶”的主要目的是（　　）。

A. 给茶壶降温　　B. 洗壶

C. 抑制茶香散发　　D. 保持茶壶内温度

判断题

1. 温壶时无须温壶盖，只要热水温壶身即可。 (　　)
2. 盖碗又称三才杯，其天地人合一的含义来自道文化内涵。 (　　)

简答题

在冲泡茶叶之前为什么要温壶、洗杯?

操作技能部分

内容（表 7.3）

表 7.3　操作技能考核内容

考核项目	考核标准
温壶手法	准确掌握温壶的基本手法。要求动作规范、熟练
温公道杯手法	准确掌握温公道杯的手法。要求动作规范、熟练
洗大茶杯手法	准确掌握洗大茶杯的手法。要求动作规范、熟练
洗小茶杯手法	准确掌握一种洗小茶杯的手法。要求动作规范、熟练
洗玻璃杯手法	准确掌握洗玻璃杯的手法。要求动作规范、熟练

方式

- 实训室操作温壶、温杯、温公道杯的基本手法。

第八专题 温盖碗

学习目标

- 知识目标：了解并熟悉盖碗的结构及基本知识。
- 能力目标：熟练掌握温盖碗的操作规范。
- 素养目标：了解各地盖碗代表的“天地人”和谐的传统文化理念。

基础知识

盖碗是一种上有盖、下有托、中有碗的茶具。如图 8.1 所示。盖碗茶具，有碗，有盖，有托，造型独特，制作精巧，又称“三才碗”“三才杯”。盖为天，托为地，碗为人。冲泡盖碗茶，须先用滚烫的开水烫洗一下碗，然后放入茶叶、盛水、加盖，浸茶的时间视茶叶数量和种类而定，一般为 20 s 至 3 min。茶碗上大下小，盖可入碗内，茶托作底承托。喝茶时盖不易滑落，有茶托又免烫手之苦，且只需端着茶托就可稳定重心。喝茶时又不必揭盖，只需半张半合，茶叶既不入口，茶汤又可徐徐滤出。盖碗茶的茶盖放在碗内，若要茶汤浓些，可用茶盖在水面轻轻刮一刮，使整碗茶水上下翻转，轻刮则淡，重刮则浓，是其妙也。

图 8.1　盖碗

在我国北方，经常使用盖碗来冲泡花茶。而在南方福建、广东一带，则经常使用白瓷盖碗来冲泡铁观音和武夷岩茶。盖碗泡茶利于闻香、出汤和鉴赏叶底。

操作技能

基本操作——温盖碗

所需物品

- 随手泡（煮水器）、盖碗、茶针、茶巾、水盂、茶盘（或茶船）。

温盖碗基本手法

温盖碗法一

- 右手掀盖，将盖搁在右侧茶托上。
- 单手或双手提壶按逆时针沿碗壁回旋冲水入碗。如图 8.2 所示。
- 双手手腕回旋转动，使热水在碗中沿壁均匀荡动。
- 双手配合，掀开碗盖一条缝隙，将茶碗内热水倒入水盂，双手端起茶碗，放回茶托上。

图 8.2　冲水入碗

温盖碗法二

- 斟水。将盖碗的碗盖反置于茶碗上，近身侧略低且与碗内壁留有一个小缝隙。提开水壶逆时针向盖内注开水，待开水顺小隙流入碗内约占 1/3 容量后，右手提腕令开水壶断水，开水壶复位。
- 翻盖。右手取茶针插入缝隙内；左手手背向外护在盖碗外侧，掌心轻靠碗沿；右手用茶针由内向外拨动碗盖，左手大拇指、食指与中指随即将翻起的碗盖盖在茶碗上。
- 烫碗。右手虎口分开，大拇指与中指搭在内外两侧碗身中间部位，食指屈伸抵住盖钮下凹处；左手托住碗底，右手端起盖碗，右手手腕回旋转动，双手协调令盖碗内各部位充分接触热水后，放回茶盘。
- 倒水。右手拿盖钮将碗盖靠右侧斜盖，即在盖碗左侧留一小隙；依前法端起盖碗平移于水盂上方，向左侧翻手腕，水即从盖碗左侧小隙中流进水盂。

温盖碗的基本要求

- 选择盖碗的质量、大小应合乎标准。
- 温盖碗的操作手法应严格按照要求来进行。
- 学习温盖碗时，需斟入热水进行操作。

温盖碗的操作规范（表 8.1）

表 8.1 温盖碗的操作规范

项目	操 作 规 范
盖碗温杯法一	1. 右手掀盖，将盖搁在右侧茶托上 2. 单手或双手提壶按逆时针回旋冲水入碗 3. 双手手腕逆时针回旋，使水在碗中沿壁荡动 4. 双手配合，掀开杯盖一条缝隙使被内热水倒入茶盂，双手端起茶碗，将盖碗置回茶托上
盖碗温杯法二	1. 斟水。盖碗的碗盖反置，近身侧略低且与碗内壁留有一个小缝隙。提开水壶逆时针向盖内注开水，待开水顺小隙流入碗内约 1/3 容量后，右手提腕令开水壶断水，开水壶复位 2. 翻盖。右手取茶针插入缝隙内；左手手背向外护在盖碗外侧，掌沿轻靠碗沿；右手用茶针由内向外拨动碗盖，左手大拇指、食指与中指随即将翻起的盖盖在碗上 3. 烫碗。右手虎口分开，大拇指与中指搭在内外两侧碗身中间部位，食指屈伸抵住盖钮下凹处；右手端起盖碗，手腕回旋转动，双手协调令盖碗内各部位充分接触热水后，放回茶盘 4. 倒水。右手提盖钮将碗盖靠右侧斜盖，即在盖碗左侧留一小隙；依前法端起盖碗平移于水盂上方，向左侧翻手腕，水即从盖碗左侧小隙中流进水盂

赛证直通

基础知识部分

选择题

1. 用玻璃杯冲泡的茶，在奉茶时，右手（　　），左手托杯底，双手将茶奉到客人面前。

   A. 轻握杯身　　B. 紧握杯身

   C. 捏住杯口　　D. 掩住杯口

2. （　　）擅长制作瓜果壶，传世款式有“梅干壶”“梨皮方壶”“南瓜壶”等。

   A. 陈鸣远　　B. 陈曼生

   C. 邵大亨　　D. 顾景洲

判断题

1. 右手虎口分开，大拇指、食指握杯两侧，中指抵住杯底，无名指及小指则自然弯曲，称“三龙护鼎法”。（　　）
2. 在冲泡茶的基本程序中，温壶（杯）的主要目的是提高茶具的温度。（　　）
3. 茶艺演示冲泡茶叶的基本程序包括：煮水、备茶、置茶、泡茶、奉茶、收具。（　　）

简答题

1. 简述盖碗的别名和组成。
2. 盖碗经常用于冲泡什么茶?

操作技能部分

内容（表 8.2）

表 8.2　操作技能考核内容

考核项目	考核标准
温盖碗法一	准确掌握温盖碗的基本手法。要求动作规范、熟练
温盖碗法二	准确掌握使用茶针温盖碗的手法。要求动作规范、熟练

方式

- 实训室操作温盖碗的基本手法。

第九专题
茶叶量取与投放

学习目标

- 知识目标：了解茶具的分类及功能。
- 能力目标：掌握茶叶罐的开闭方法；熟练掌握茶则、茶荷、茶匙和茶叶罐的置茶方法。
- 素养目标：了解传统茶具的名称与使用方法，掌握科学的茶水比及泡茶规范。

基础知识

一套完整的茶具除了茶壶、杯具和盖碗之外，还包括茶漏、茶则、茶匙、茶夹、茶针、茶巾、煮水器、茶叶罐、茶船、公道杯、茶荷、茶盘等。茶漏、茶则、茶匙、茶夹、茶针往往合放于匙筒内，称为茶道组。茶道组作为茶席上的辅助用具，通常用于取茶与投茶。

茶漏

使用茶漏置茶时，将茶漏平放在茶壶口上，用茶匙拨茶入壶，以防止茶叶散落壶外。

茶则

茶则为量取和盛茶叶入壶之用具，一般为竹制。

茶匙

茶匙，又称茶拨，因形状像汤匙，故称茶匙。其主要用途是将茶叶罐和茶荷中的茶叶取出，拨入茶壶内。

茶夹

茶夹又称茶镊，可将叶底从茶壶中夹出。也可拿它来夹取茶杯用于洗杯，既防烫手又卫生。

茶针

茶针的功用是疏通茶壶的内网（蜂巢）和壶嘴，以保持水流畅通。

茶巾

茶巾一般为吸水性较好的棉制品，形状有长形和方形两种。其主要功用是斟茶之前将茶壶或公道杯底部残留的水迹擦干，亦可擦拭茶盘内滴落的茶水。

煮水器

泡茶用的煮水器在古代用风炉和陶制提梁壶，目前较常见的为电随手泡和电陶炉，在外泡茶常用瓦斯炉和不锈钢水壶。

茶叶罐

储存茶叶的罐子，必须无杂味、能密封，且不透光。按材料分，有锡罐、陶瓷罐、玻璃罐及不锈钢金属罐等。

茶船

茶船是用来放置茶壶的容器，茶壶里投入茶叶，冲入沸水，再将茶壶放入茶船，然后在茶壶上浇淋沸水以温壶。茶船又称茶池或壶承，常用的功能大致为盛放茶壶，盛接烫杯、淋壶溢出的茶水，保温。有时与可以盛放剩水的竹制、木制双层茶盘互用。

公道杯

公道杯，又称茶盅。茶壶内之茶汤浸泡至适当浓度后，倒至公道杯，再分倒于各小茶杯内，以求茶汤浓度之均匀。亦可于公道杯上覆一滤网，以滤去茶渣、茶末。没有公道杯时，也可以用有滤网的茶壶充当。其大致功用为：盛放泡好之茶汤，过滤茶渣，再分倒茶汤至各杯，使每杯茶汤浓度均匀。

茶荷

茶荷的功用与茶则、茶漏类似，皆为置茶的用具，但茶荷更具鉴赏茶叶的功能。茶荷的主要用途是将茶叶由茶叶罐移至茶壶。茶荷主要是白瓷质地，也有青花茶荷，既实用又可当艺术品，一举两得。没有茶荷时，可用质地较硬的纸板折成茶荷形状使用。

茶盘

茶盘，是用以承放茶杯或其他茶具的器皿，也可盛接泡茶过程中溢出或倒掉之茶水。由于有排水装置，可以直接在其上温盖碗、洗杯、盛倒茶水。在我国许多城市，人们形象地称呼茶盘为茶海。茶盘底部装上盛放多余茶水的滤水器后也可以与茶船互用。茶盘有木质、竹质、石质、塑料、不锈钢等材质，形状有圆形、椭圆形、长方形等多种。茶盘、茶壶、品茗杯的位置摆放与茶荷的拿法如图 9.1 所示。

图 9.1　茶盘、茶壶、品茗杯的位置摆放与茶荷的拿法

基本操作——茶叶量取与投放

操作技能

所需物品

- 茶则、茶匙、茶针、茶夹、茶漏、茶荷、茶叶罐、茶叶、盖碗或紫砂壶。

茶叶罐开闭基本手法

套盖式茶叶罐

- 双手捧住茶叶罐，两手大拇指用力向上推外层铁盖，边推边转动茶叶罐，使其各部位均匀受力。
- 当其松动后，右手虎口分开，用大拇指与食指、中指捏住外盖外壁，转动手腕取下后，按抛物线轨迹移放到茶盘右侧后方角落。
- 取茶完毕，仍以抛物线轨迹取盖扣回茶叶罐，用两手食指向下用力压紧盖好后放下。

压盖式茶叶罐

- 双手捧住茶叶罐。
- 右手大拇指、食指与中指捏住盖钮。
- 向上提盖，沿抛物线轨迹将其放到茶盘中右侧后方角落。
- 取茶完毕后依前法盖好后放下。

茶叶量取与投放基本手法

茶荷、茶则、茶匙置茶法

- 左手斜握已开盖的茶叶罐，开口向右移至茶荷上方。
- 右手以大拇指、食指及中指三指捏茶则，伸进茶叶罐中将茶叶轻轻拨进茶荷内。
- 目测估计茶叶量，认为足够后，右手将茶则轻轻放回茶道组中。
- 依前法取盖压紧盖好，放下茶叶罐。
- 右手拿取茶匙，从左手托起的茶荷中将茶叶分别拨进冲泡器具中。
- 此法常用于名优绿茶的冲泡。

茶则置茶法

- 左手竖握（或端）住已开盖的茶叶罐。
- 右手放下罐盖后，弧形提臂转腕向茶道组，用大拇指、食指与中指三指捏住茶则柄取出。
- 将茶则插入茶叶罐，手腕向内旋转舀取茶叶；左手应配合向外旋转手腕令茶叶疏松易取。
- 茶则舀出的茶叶直接投入冲泡器具。
- 取茶完毕后右手将茶则复位。
- 将茶叶罐盖好复位。
- 此法可用于多种茶冲泡。

茶荷置茶法

- 右手托起茶荷（茶荷口朝向左）。
- 左手斜握已开盖的茶叶罐，移至茶荷边，手腕用力令其来回滚动，茶叶缓缓散入茶荷。
- 将茶荷放到左手（掌心朝上，虎口向外），令茶荷口朝向右侧并对准冲泡器具壶口（为防止茶叶外溢可在壶口加放茶漏），右手取茶匙将茶叶拨入冲泡器具。
- 置茶足量后，右手将茶匙复位，两手合作将茶叶罐盖好放下。

  这一手法常用于乌龙茶置茶法。

操作手法基本要求

- 选择各式茶具的质量、大小合乎标准。
- 不同种类的茶叶罐需要不同的手法来进行开盖、合盖的操作练习。
- 在置茶的操作练习中，学习茶荷、茶则、茶匙等茶具的拿取手法。如图 9.2、图 9.3 所示。

图 9.2　茶匙拿法

图 9.3　茶漏拿法

开闭茶叶罐操作规范（表 9.1）

表 9.1　开闭茶叶罐操作规范

项目	操 作 规 范
开套盖式茶叶罐	1. 双手捧住茶叶罐，两手大拇指用力向上推外层盒盖，边推边转动茶叶罐，使各部位受力均匀 2. 当其松动后，右手虎口分开，用大拇指与食指、中指捏住外盖外壁 3. 转动手腕取下后按抛物线轨迹移放到茶盘右侧后方 4. 取茶完毕仍以抛物线轨迹取盖扣回茶叶罐 5. 用两手食指向下用力压紧盖好后放下
开压盖式茶叶罐	1. 双手捧住茶叶罐 2. 右手大拇指、食指与中指捏住盖钮 3. 向上提盖，沿抛物线轨迹将其放到茶盘中右侧后方 4. 取茶完毕依前法盖回放下

茶叶量取与投放操作规范（表 9.2）

表 9.2　茶叶量取与投放操作规范

项目	操 作 规 范
茶荷、茶则、茶匙置茶法	1. 左手斜握已开盖的茶叶罐，开口向右移至茶荷上方 2. 右手以大拇指、食指及中指三指手背向下捏住茶则，伸进茶叶罐中将茶叶轻轻拨进茶荷内 3. 目测估计茶样量，认为足够后右手将茶则放回茶道组中 4. 依前法取盖压紧盖好，放下茶叶罐 5. 右手拿茶匙，从左手托起的茶荷中将茶叶分别拨进冲泡具中 此法常用于名优绿茶的冲泡

续表

项目	操作规范
茶则置茶法	1. 左手竖握（或端）住已开盖的茶叶罐 2. 右手放下罐盖后，弧形提臂转腕向茶道组，用大拇指、食指与中指三指捏住茶则柄取出 3. 将茶则伸入茶叶罐，手腕向内旋转舀取茶样；左手应配合向外旋转手腕令茶叶疏松易取 4. 茶则舀出的茶叶直接投入冲泡器 5. 取茶毕后右手将茶则复位 6. 将茶叶罐盖好复位 此法可用于多种茶冲泡
茶荷置茶法	1. 右手托起茶荷（茶荷口朝向自己） 2. 左手斜握已开盖的茶叶罐，凑到茶荷边，手腕用力令其来回滚动，茶叶缓缓散入茶荷 3. 将茶叶由茶荷直接投入冲泡具，或将茶荷放到左手（掌心朝上虎口向外）令茶荷口向右并对准壶口，右手取茶匙将茶叶拨入茶壶 4. 足量后右手将茶匙复位，两手合作将茶叶罐盖好放下 此法常用于乌龙茶冲泡

赛证直通

基础知识部分

选择题

1. 用 150 ml 容量的瓷壶冲泡红茶，茶叶用量一般在（　　）。

   A. 2 ~ 3 g　　B. 3 ~ 5 g

   C. 6 ~ 7 g　　D. 7 ~ 8 g

2. 常见的投放茶叶的茶道辅助用具是（　　）。

   A. 茶匙　　B. 茶漏　　C. 茶针　　D. 茶夹

判断题

细嫩的茶叶量取时可直接用茶叶罐滚动出仓的手法直接投放到茶荷上。（　　）

简答题

泡茶时经常使用的茶具有哪些，各有什么用途？

操作技能部分

内容（表 9.3）

表 9.3　操作技能考核内容

考核项目	考核标准
开闭茶叶罐	准确掌握套盖式、压盖式茶叶罐开闭的基本手法。要求动作规范、熟练
茶叶量取与投放	准确掌握使用茶荷、茶则、茶匙等量取、投放茶叶的基本手法。要求动作规范、熟练

方式

- 实训室操作使用茶荷和茶道组从茶叶罐量取茶叶的基本手法。

第三模块

名茶鉴赏

第十专题 绿 茶

学习目标

- 知识目标：了解绿茶的初制工艺、品质特征及其分类。
- 能力目标：熟练掌握西湖龙井、洞庭碧螺春、黄山毛峰等名优绿茶的品质特点。
- 素养目标：了解名优绿茶的产地及绿茶精益求精的加工工艺，了解我国千年历史传承的绿茶加工工艺之独特。

基础知识

茶叶鉴赏——绿茶概述

绿茶是中国产量和花色品种最多的一类茶叶，全国产茶省（区）都有绿茶生产。近年来，绿茶的销量及出口量在各类茶叶销售占比中位列第一。根据中国茶叶流通协会的统计，2021年中国绿茶出口量为31.23万吨，占总出口量的84.5%。中国的传统绿茶——眉茶和珠茶，一向以香高、味醇、形美、耐冲泡而深受国内外消费者的欢迎。我国浙江、江苏、安徽等省绿茶产量高、品质优。

绿茶初制工艺

茶叶鉴赏——绿茶制作工艺

绿茶初制工艺为：鲜叶→杀青→揉捻→干燥。

鲜叶

名优绿茶一般采摘初萌的壮芽、初展的一芽一叶或一芽二叶为原料。

杀青

杀青是决定制成绿茶品质好坏的关键。所谓杀青，就是用高温破坏鲜叶中酶的活动性，制止酶促进鲜叶中内含物的氧化变化，以保持茶叶原有的青绿色。杀青有蒸青和炒青两种。我国现阶段绿茶加工大多采用炒青方法杀青，蒸青是我国古代所采用的杀青方法之一。

揉捻

揉捻是大多数茶类加工的一个必需工序，其主要目的是：卷紧条索，为以后的炒干成条打好基础；适当破坏叶组织，使制成的干茶既容易泡出茶汁，又有一定的耐泡程度。揉捻有手工揉捻和机器揉捻两种。

干燥

干燥是形成绿茶的最后一道工序。干燥在制茶过程中，不能单纯地认为仅是去除叶中水分，而是在蒸发水分的同时，使外形上有显著改变，且内质朝有利于绿茶的品质变化。绿茶的干燥方法分炒干、烘干和晒干等。

绿茶分类（表 10.1）

表 10.1　我国绿茶种类

绿茶	炒青绿茶	眉　茶	特珍、珍眉、凤眉、秀眉、贡熙等
		珠　茶	珠茶、雨茶等
		细嫩炒青	龙井、大方、碧螺春、雨花茶、松针等
	烘青绿茶	普通烘青	闽烘青、浙烘青、徽烘青、苏烘青等
		细嫩烘青	黄山毛峰、太平猴魁、华顶云雾、高桥银峰等
	晒青绿茶		滇青、川青、陕青等
	蒸青绿茶		煎茶、玉露等

鉴别方法

绿茶基本品质特征

茶叶鉴赏——绿茶特点

绿茶属不发酵茶，种类很多，品质特征差异也很大，但共同的特征是“清汤绿叶”，切忌“红梗红叶”。见表 10.2。

表 10.2　绿茶基本品质特征

绿茶颜色	碧绿、翠绿或黄绿，久置或与热空气接触易变色
绿茶原料	嫩芽、嫩叶，不适合久置
绿茶香味	清新的绿豆香、青草香，味清鲜微苦
绿茶性质	富含叶绿素、维生素 C。茶性较寒凉，咖啡因、茶碱含量较多，会导致中枢神经兴奋

绿茶分类品质特征

炒青绿茶

炒青绿茶是中国绿茶中的大宗产品，主要包括眉茶、珠茶等。眉茶外形条索紧结圆直，有绿苗，匀净完整，切忌松、扁、碎；色泽要求绿润，切忌枯黄；内质香气清鲜、持久；汤色嫩绿明亮；滋味浓醇爽口；叶底嫩绿明亮。珠茶外形颗粒圆结重实；色泽黑绿油润；内质香醇味浓；汤色黄绿明亮；叶底匀嫩完整、黄绿明亮。

烘青绿茶

烘青绿茶是指鲜叶经过杀青、揉捻，而后烘干的绿茶。烘青绿茶外形虽不如炒青绿茶那样光滑紧结，但条索完整，常显峰苗，白毫显露，色泽多为绿润，冲泡后茶汤香气清鲜，滋味鲜醇，叶底嫩绿明亮。烘青主要产于浙江、江苏、福建、安徽、江西、湖南、湖北、四川、贵州、广西等地。主要品类有：福建的“闽烘青”、浙江的“浙烘青”、安徽的“徽烘青”、江苏的“苏烘青”、湖南的“湘烘青”、四川的“川烘青”等。烘青通常用来作为窨制花茶的茶坯。

晒青绿茶

晒青绿茶是指鲜叶经过杀青、揉捻以后利用日光晒干的绿茶。晒青的产地主要有云南、四川、贵州、广西、湖北、陕西等。主要品种有云南的“滇青”、陕西的“陕青”、四川的“川青”、贵州的“黔青”、广西的“桂青”等。晒青茶除一部分以散茶形式销售饮用外，还有一部分经再加工成紧压茶销售，如湖北的老青茶制成的“青砖”，云南、四川的“沱茶”“饼茶”“康砖”等。

蒸青绿茶

蒸青绿茶是中国古代最早发明的一种茶类，它先以蒸汽将茶鲜叶蒸软，而后揉捻、干燥而成。蒸青绿茶常有“色绿、汤绿、叶绿”的特点，美观诱人。唐、宋时就已盛行蒸青制法，并传入日本。日本至今还沿用这种制茶方法，其茶道饮用的茶叶就是蒸青绿茶中的一种——抹茶。据考证，南宋咸淳年间（1265—1274），日本佛教高僧到浙江余杭径山寺研究佛学，当时径山寺盛行围坐品茶研讨佛经，常举行“茶宴”，饮用的是经蒸碾焙干研末的“抹茶”。日本高僧回去后，将径山寺之“茶宴”和“抹茶”制法传至日本，启发了日本“茶道”兴起。日本的蒸青绿茶除抹茶外，尚有玉露、煎茶、碾茶等。中国现代蒸青绿茶主要有煎茶、玉露。煎茶主要产于浙江、福建、安徽三省，其产品大多出口日本。玉露茶中目前只有湖北恩施的“恩施玉露”仍保持着蒸青绿茶的传统风格。除“恩施玉露”之外，江苏宜兴的“阳羡茶”、湖北当阳的“仙人掌茶”都是蒸青绿茶中的名茶。

西湖龙井

茶叶鉴赏——西湖龙井

西湖龙井（图 10.1）产于浙江省杭州市西子湖畔的狮峰、龙井、云栖、虎跑、梅家坞一带，属绿茶类。西湖龙井历史上曾有“狮”“龙”“云”“虎”“梅”五个字号。这一带多为海拔 300 m 以上的坡地。西北有白云山和天竺山为屏障，阻挡冬季寒风的侵袭，东南有九溪十八涧，河谷深广，年均气温 16 ℃，年降水量 1 600 mm 左右，尤其在春茶吐芽时节，常常细雨蒙蒙，云雾缭绕。山坡溪涧之间的茶园，常以云雾为侣，独享雨露滋润。茶区土壤属酸性红壤，结构疏松，通气透水性强。西湖龙井，即生长在这泉溪密布、气候温和、雨量充沛、四季分明的环境之中。

图 10.1 西湖龙井

品质特点：以“色绿”“香郁”“味甘”“形美”四绝著称于世。外形光洁、匀称、挺秀，形如碗钉；色泽绿翠，或黄绿呈糙米黄色；香气馥郁，清高持久，沁人肺腑，似花香浓而不浊，如芝兰醇幽有余；味鲜醇、甘爽，饮后清淡而无涩感，回味留韵，有新鲜橄榄的回味。

黄山毛峰

茶叶鉴赏——黄山毛峰

黄山毛峰（图 10.2）产于黄山风景区和毗邻的汤口、充川、岗村、芳村、扬村、长潭一带。其中桃花峰、云谷寺、慈光阁、岗村、充川等的品质最好，属绿茶类。黄山有“震旦国中第一奇山”之称，雄伟秀丽，集天下名山之精华，以奇松、怪石、云海、温泉四绝而扬名寰宇。用黄山泉水冲泡云雾茶，其味甘芳可口，久饮不但能增加食欲，恢复元气，还可健胃。

黄山毛峰分特级和一、二、三级。特级黄山毛峰在清明前后采制，采摘一芽一叶初展芽叶，其他级别采一芽一、二叶或一芽二、三叶芽叶。选用芽头壮

图 10.2 黄山毛峰

实、茸毛多的制高档茶。经过轻度摊放后进行高温杀青、理条炒制、烘焙而制成。

- 品质特点：条索细扁，形似“雀舌”，带有金黄色鱼叶（俗称“茶笋”或“金片”）；芽肥壮、匀齐、多毫；色泽嫩绿微黄而油润，俗称“象牙色”；香气清鲜高长；滋味鲜浓、醇厚，回味甘甜；汤色清澈明亮；叶底嫩黄肥壮，匀亮成朵。其中“鱼叶金黄”和“色似象牙”是特级黄山毛峰外形与其他毛峰不同的两大明显特征。黄山毛峰为我国毛峰之极品。

茶叶鉴赏——碧螺春

洞庭碧螺春

- 洞庭碧螺春（图 10.3）产于江苏省洞庭东、西山，属绿茶类。洞庭山以产历史名茶洞庭碧螺春而名扬四海。“入山无处不飞翠，碧螺春香千里醉”，是洞庭碧螺春的真实写照。
- 洞庭山分东、西两山。洞庭东山是一个半岛，宛如巨舟伸进太湖；洞庭西山是屹立在太湖中的一个小岛，相传是吴王夫差和越国西施避暑之地。
- 洞庭山所产的茶叶，香气高而持久，俗称“吓煞人香”，后来清代康熙皇帝品茶后，得知是洞庭山碧螺峰所产，定名为“碧螺春”。
- 品质特点：条索纤细，卷曲成螺，茸毛披覆，银绿隐翠，清香文雅，浓郁甘醇，鲜爽生津，汤色碧绿清澈，回味绵长。

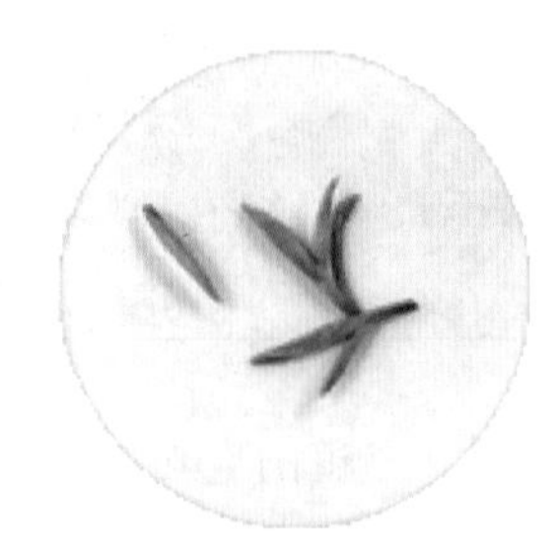

图 10.3　洞庭碧螺春

平水珠茶

- 平水珠茶（图 10.4）产于浙江省，属绿茶类。平水珠茶是浙江的独特产品，其产区包括浙江的绍兴、杭州、宁波、台州、金华等地。整个产区为会稽山、四明山、天台山等名山所环抱，境内山岭盘结、峰峦起伏，风景名胜众多，不少地方是旅游胜地。平水是浙江绍兴东南的一个著名集镇，历史上很早就是茶叶加工贸易的集散地，浙江各地所产珠茶，过去多集中在平水进行精制加工、转运出口，故在国际市场上称“平水珠茶”。
- 品质特点：外形浑圆紧结，色泽绿润，身骨重实，活像一粒粒墨绿色的珍珠，故称珠茶。用沸水冲泡时，粒粒珠茶释放展开，别有趣味，冲后的茶汤香高味浓；珠茶的另一特点是经久耐泡。珠茶出口欧洲和非洲不少国家，有稳定的市场，深得消费者青睐。

图 10.4　平水珠茶

婺源茗眉

- 婺源茗眉（图 10.5）产于江西省婺源县，属绿茶类。这里为赣、皖、浙三省毗连的丘陵山区，为怀玉山脉和黄山支脉所环抱，植被丰富，森林茂盛，清流急湍，土层肥沃，气候温和，四季云雾缭绕，人称“星江江水清又清，人文豪杰地更灵，松杉柏桧翠如玉，户户飘来茗眉香”。婺源茗眉自 1958 年创制以来，享有很高声誉。
- 品质特点：外形弯曲似眉，翠绿紧结，银毫披露，鲜浓持久，具兰花香；滋味鲜爽甘醇；汤色嫩绿清澈；叶底匀嫩，明亮完整。

图 10.5　婺源茗眉

恩施玉露

- 恩施玉露（图 10.6）产于湖北省恩施市东郊五峰山，属绿茶类。此茶沿用唐代的蒸汽杀青方法，是我国目前保留下来的为数不多的传统蒸青绿茶。恩施玉露相传始创于清康熙年间。1936 年，湖北省民生公司，在宣恩县庆阳坝制茶，其茶香鲜味爽，外形色泽翠绿，毫白如玉，格外显露，故而改名为“玉露”。

图 10.6　恩施玉露

- 品质特点：外形条索紧圆光滑，纤细挺直如针；色泽苍翠绿润，被誉为“松针”。经沸水冲泡后，芽叶复展如生，初时婷婷悬浮杯中，继而沉降杯底，平伏完整；汤色嫩绿明亮，如玉如露；香气清爽，滋味醇和。

庐山云雾

- 庐山云雾（图 10.7）古称“闻林茶”，从明代始称今名，产于江西省庐山，属绿茶类。庐山种茶始于晋代。九江在唐代即成为著名的茶叶经营口岸。白居易《琵琶行》中的“前月浮梁买茶去”的诗句，说的是茶商从九江去浮梁（景德镇）往返贩茶的情况。《本草纲目》已将其列为名茶类。
- 品质特点：茶芽壮叶肥，白毫显露，色泽翠绿，幽香如兰，滋味醇厚，鲜爽甘醇，耐冲泡，汤色明亮，饮后回味香绵。

图 10.7　庐山云雾

信阳毛尖

- 信阳毛尖（图 10.8）产于河南省南部大别山区的信阳市，以条索紧直锋尖、茸毛显露而得名，属绿茶类。茶区分布于车云山、集云山、天云山、震雷山、连云山、黑龙潭及豫鄂临界的“义阳三关”等海拔 300 ~ 800 m 的山谷之间。信阳产茶历史悠久，唐代已被列为全国著名的产茶地之一。在清代，信阳毛尖的独特风格已定型。1915 年，在巴拿马万国博览会上，信阳毛尖荣获金质奖。现在，信阳毛尖畅销国内各地，并出口日本、新加坡、马来西亚、美国、德国等国家。
- 品质特点：外形细、圆、光、直，多白毫，色泽翠绿，冲后香高持久，滋味浓醇，回甘生津，汤色明亮清澈。

图 10.8　信阳毛尖

六安瓜片

六安瓜片（图 10.9）简称片茶，以其外形似瓜子、呈片状而得名，产于安徽省的六安、金寨、霍山（金寨、霍山旧时同属六安州）等地，又以金寨齐云山鲜花岭蝙蝠洞所产之茶质量为最佳，故又称“齐云名片”，属绿茶类。产地位于皖西北大别山区，山高林密，泉水潺潺，云雾弥漫，空气相对湿度在 70% 以上，年降水量在 1 200 mm 左右。尤以蝙蝠洞周围，蝙蝠翔集，其粪便富含磷质，成天然肥料，致使土壤肥沃，茶树生长繁茂，鲜叶葱翠嫩绿，芽大毫多。

品质特点：形似瓜子，自然平展，叶缘微翘，色泽宝绿，大小匀整，清香高爽，滋味鲜醇回甘，汤色清澈透亮，叶底绿嫩明亮。谷雨前采制的称“提片”，品质最优；其后采制的称“瓜片”；进入梅雨季节采制的称“梅片”。

太平猴魁

太平猴魁（图 10.10）产于安徽省黄山市黄山区（原为太平县）新明乡的猴坑、猴岗及颜村三村，属绿茶类。因猴茶品质超群，故名。猴坑地入黄山，林木参天，云雾弥漫，空气湿润，相对湿度超过 80%。茶园土壤肥沃，酸碱度适宜。

品质特点：挺直，两端略尖，扁平匀整，肥厚壮实，全身白毫含而不露，色泽苍绿，叶脉呈猪肝色，宛如橄榄；入杯冲泡，芽叶徐徐展开，舒放成朵，两叶抱一芽，或悬或沉；茶汤清绿，香气高爽，蕴有诱人的兰香，味醇爽口。其品质按传统分法，猴魁为上品，魁尖次之，再次为贡尖、天尖、地尖、人尖、元尖、弯尖等传统尖茶。

图 10.9　六安瓜片

图 10.10　太平猴魁

高桥银峰

高桥银峰（图 10.11）产于湖南省长沙市东郊玉皇峰下的高桥，属绿茶类。高桥银峰茶是湖南省茶叶研究所于 1957 年创制的。高桥山丘叠翠，河湖掩映，云雾弥漫，景色宜人。1964 年夏，郭沫若先生初饮高桥银峰茶后，即吟诗：“芙蓉国里产新茶，九嶷香风阜万家。肯让湖州夸紫笋，愿同双井斗红纱。脑如冰雪心如火，舌不饾饤眼不花。协力免教天下醉，三闾无用独醒嗟。”

品质特点：外形条索紧细，微卷曲，匀净，满披茸毛，色泽翠绿；香气嫩香持久；汤色清亮，滋味鲜醇；叶底嫩绿明亮。啜饮一杯，令人神清气爽。

安吉白茶

- 安吉白茶（图 10.12）产于浙江省安吉县，属绿茶类。安吉产茶历史悠久，公元 780 年，唐代茶圣陆羽《茶经》载：“浙西，以湖州上……生安吉、武康二县山谷，与金州、梁州同。”安吉县林业局于 1981 年 4 月在山河乡银坑村研制白片茶。
- 品质特点：外形条索挺直，似兰花，色绿翠，白毫显露；冲泡后，汤色清澈明亮，清香四溢；叶底芽叶肥壮，嫩绿明亮，朵朵可辨；饮后鲜甜爽口，生津止渴，唇齿留香，沁人心脾，回味无穷，风格独特。

图 10.11　高桥银峰

图 10.12　安吉白茶

赛证直通

选择题

1. 特一级（　　）形似雀舌，肥壮匀齐，色如象牙，叶金黄。
   A. 黄山毛峰　　B. 金坛雀舌
   C. 龙井茶　　D. 碧螺春
2. 在茶人眼中具有“一嫩三鲜”品质的名茶是指（　　）。
   A. 龙井　　B. 洞庭碧螺春
   C. 六安瓜片　　D. 南京雨花茶
3. 特一级黄山毛峰的色泽为（　　）。
   A. 碧绿色　　B. 灰绿色
   C. 青绿色　　D. 象牙色
4. 雨花茶的干茶色泽为（　　）。
   A. 黄绿　　B. 深绿
   C. 金黄　　D. 黄褐

判断题

1. 绿茶类属不发酵茶，故其茶叶颜色翠绿、汤色绿黄。（　　）
2. 安吉白茶产自浙江省安吉县，属于白茶类。（　　）

△ 简答题

1. 说出绿茶的初制工艺、品质特征及其分类。
2. 通过现场实物对比，分析西湖龙井、黄山毛峰、洞庭碧螺春等名优绿茶的品质特点。
3. 实训室观察并鉴赏至少 1 ～ 2 种名优绿茶的干茶及茶汤特征。

第十一专题
红　茶

学习目标

- 知识目标：了解红茶的初制工艺、品质特征及其分类。
- 能力目标：掌握祁红工夫、滇红工夫、正山小种等名优红茶的品质特点。
- 素养目标：了解红茶通过“万里茶路”远销欧洲的历史，培养民族自豪感。

基础知识

茶叶鉴赏——红茶概述

红茶是鲜叶经过酶促氧化，使茶叶中的儿茶素等成分充分转化为茶黄素和茶红素等，从而造就“红汤红叶”的品质特征。最早的红茶为福建崇安的小种红茶。清代刘靖《片刻余闲集》载：“山之第九曲尽处有星村镇，为行家萃聚。外有本省邵武、江西广信等处所产之茶，黑色红汤，土名江西乌，皆私售于星村各行。”自星村小种红茶创造以后，逐渐演变产生了工夫红茶。工夫红茶工艺传至安徽，在祁门生产出了后来闻名国内外的“祁门工夫”红茶。世界红茶及其制作工艺的发源地为我国福建武夷山桐木关，通过“万里茶路”远销欧洲。20世纪20年代，在印度等国开始出现一种将茶叶切碎加工的红碎茶工艺。红碎茶因其浓、强、鲜的品质优势，在世界红茶贸易市场占有一席之地。

中国的红茶产区，可分为大叶种红茶区和中小叶种红茶区，前者主要分布在云、贵、川、粤、桂、琼等省（区），后者主要分布在湘、鄂、赣、皖、浙、苏等省。世界茶叶总贸易中，红茶约占90%。我国福建省武夷山桐木关出产的“正山小种”“金骏眉”等红茶在国内、国际市场上竞争力强、知名度高。武夷山桐木关的正山小种为世界红茶鼻祖。祁门红茶，其条索紧结有锋苗，滋味醇厚甜润，尤其还有独特的芬芳香味（俗称“祁门香”），在国内和国际红茶销售市场上声名远扬。

茶叶鉴赏——红茶制作工艺

工夫红茶初制工艺

工夫红茶初制工艺：鲜叶→萎凋→揉捻→发酵→干燥。

鲜叶

红茶的生产一般采摘一芽二、三叶的鲜叶为原料。

萎凋

萎凋是指将采下的鲜叶摊放，使其失去部分水分，叶质变柔软。萎凋可分室内萎凋与萎凋槽萎凋两种。

发酵

发酵是指经过揉捻的叶的化学成分在有氧的情况下氧化变色，从而形成红茶“红叶红汤”品质特点的过程。发酵是在发酵室内进行的。

红茶分类（表 11.1）

茶叶鉴赏——红茶分类及特征

表 11.1　我国红茶种类

红茶	工夫红茶	滇红、祁红、川红、闽红等
	红 碎 茶	叶茶、碎茶、片茶、末茶等
	小种红茶	正山小种、烟小种等

鉴别方法

红茶基本品质特征

红茶属全发酵茶，红汤红叶、香味甜醇是各种红茶共同的品质特征。但各类红茶的品质还是有所区别的。见表 11.2。

表 11.2　红茶基本品质特征

红茶颜色	干茶呈暗红或乌润色，茶汤呈红亮、红艳色
红茶原料	大叶、中叶、小叶都有，一般是切青、碎形和条形
红茶香味	焦糖香，滋味浓厚、甘醇
红茶性质	温和；不含叶绿素、维生素 C；因咖啡因、茶碱较少，兴奋神经效能较低

红茶分类及品质特征

工夫红茶

工夫红茶外形条索匀称，色泽乌润；内质要求香气馥郁，滋味甜醇，汤色、叶底红亮。因产地与品种不同，不同品种的工夫红茶的品质亦有差异，如“滇红”条索肥壮，金毫特多，香味醇厚，叶底肥厚红亮；“祁红”则是条索细紧而稍弯曲，有锋苗，具糖香或苹果香。

大叶种红茶

大叶种红碎茶颗粒紧结重实，有金毫，色泽乌润或红棕，香气高，汤色红艳，滋味浓强鲜爽，叶底红匀。中小叶种红碎茶颗粒紧实，色泽乌润或棕褐，香气高鲜，汤色较红亮，滋味较浓强，叶底较红亮。

小种红茶

小种红茶外形同工夫红茶，但内质有较大差别，其中正山小种红茶具有松烟香，滋味醇厚，似桂圆味，叶底呈古铜色；烟小种红茶带松烟香，滋味醇和，汤色金黄，叶底略带古铜色。

滇红茶

茶叶鉴赏——滇红工夫

滇红茶（图 11.1），产于云南的临沧、保山、西双版纳、红河、思茅、德宏等地的 20 多个市（县），属红茶类。这里气候温和，雨量充沛，冬无严寒，夏无酷暑，降雨伴随雾，晴天多有露。滇红是云南红茶的统称，分为滇红工夫和滇红碎茶两种。滇红工夫茶于 1939 年在云南凤庆首先试制成功。

品质特点：滇红工夫茶芽叶肥壮，金毫显露，汤色红艳，香气醇美，滋味浓厚。滇红碎茶外形均匀，色泽乌润，香气鲜锐，滋味浓强。

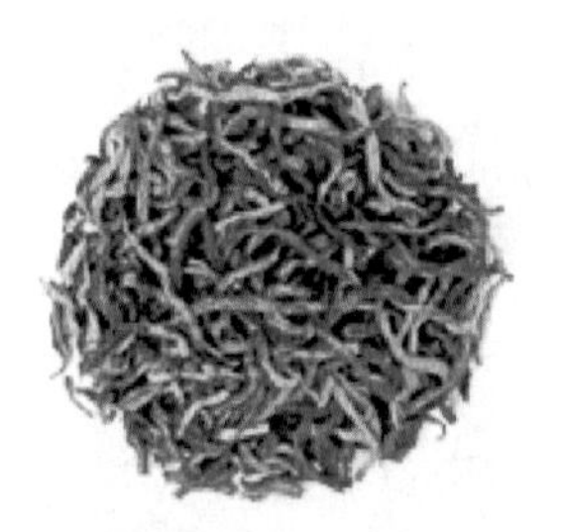  

图 11.1　滇红茶

祁红工夫

茶叶鉴赏——祁红工夫

祁门红茶（图 11.2），简称祁红，产于安徽省祁门县，属红茶类。祁门一带历史上很早就盛产绿茶，从事茶业者人数众多。祁门在清光绪以前并不生产红茶。据传，清光绪元年（1875 年），有个黟县人叫余干臣，从福建罢官回籍经商，因羡福建红茶（闽红）畅销利厚，想就地试产红茶，于是在至德县（今东至县）

尧渡街设立红茶庄，仿效闽红制法，获得成功。次年，到祁门县的历口、闪里设立分茶庄，始制祁红成功。与此同时，祁门人胡元龙在祁门南乡贵溪进行“绿改红”，设立“日顺茶厂”试生产红茶也获成功。从此，“祁红”不断扩大生产，成为我国的重要红茶产区。祁红产区，自然条件优越，山地林木多，温暖湿润，土层深厚，雨量充沛，云雾多，很适宜茶树生长，加之当地茶树的主体品种——槠叶种内含物丰富，酶活性高，很适合工夫红茶的制造。

图 11.2　祁红工夫

- 祁红采制工艺精细，采摘一芽二、三叶的芽叶做原料，经过萎凋、揉捻、发酵，使芽叶由绿色变成紫铜红色，香气透发，然后进行文火烘焙至干。红毛茶制成后，还须进行精制，精制工序复杂，经毛筛、抖筛、分筛、紧门、撩筛、切断、风选、拣剔、补火、清风、拼和、装箱而制成。
- 品质特点：外形条索紧细秀长，金黄芽毫显露，锋苗秀丽，色泽乌润，汤色红艳明亮，叶底鲜红明亮，香气芬芳，馥郁持久，似苹果与兰花香味，在国际市场上被誉为“祁门香”。如加入牛奶、食糖调饮，亦颇可口，茶汤呈粉红色，香味不减。

正山小种

- 正山小种（图 11.3）属红茶类，18 世纪后期首创于福建省武夷山桐木地区。历史上该茶以星村为集散地，故又称星村小种。正山小种生产历史悠久，清代崇安县令陆廷灿著《续茶经》称：“武夷茶在山者为岩茶，水边者为洲茶……其最佳者曰工夫茶，工夫茶之上又有小种……”

茶叶鉴赏——正山小种

- 品质特点：条索肥壮，紧结圆直，色泽乌润，冲水后汤色红艳，经久耐泡，滋味醇厚，气味芬芳浓烈，以松烟香和桂圆味、蜜香为其主要品质特色。如加入牛奶，茶香不减，形成糖浆状奶茶，甘甜爽口，别具风味。

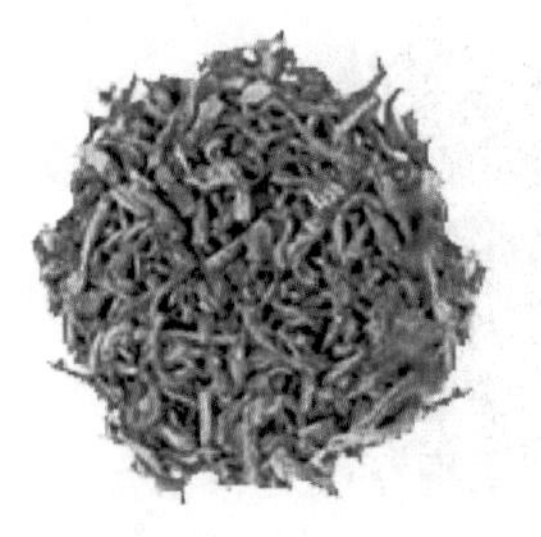

图 11.3　正山小种

宁红工夫

- 宁红工夫（图 11.4），简称宁红，主产于江西省修水县，属红茶类。宁红工夫是我国最早的工夫红茶珍品之一。修水在元代称宁州，清代称义宁州，故名。修水产茶迄今已有 1 000 余年的历史，宁红制作则始于清代中叶。清代叶瑞延著《纯蒲随笔》载："宁红起自道光季年，江西估客收茶义宁州，因进峒教以红茶做法。"清光绪十八年（1892 年），宁红已成为著名红茶，大量外销，出口额占全国总量的 80%；光绪三十年（1904 年），宁红的珍品太子茶被列为贡品，故又有贡茶之称。
- 品质特点：紧细多毫，锋苗毕露，乌黑油润，鲜嫩浓郁，鲜醇爽口，柔嫩多芽，汤色红艳。

图 11.4　宁红工夫

九曲红梅

- 九曲红梅（图 11.5），产于钱塘江畔，杭州西南郊区的湖埠、上堡、张余、冯家、社井、上阳、下阳、仁桥一带，尤以湖埠大坞山者为妙品，又称九曲乌龙，属红茶类。"九曲乌龙"冲饮时汤色鲜亮红艳，有如红梅，故称九曲红梅。
- 品质特点：外形条索细若发丝，弯曲细紧如银钩，抓起来互相勾挂呈环状，披满金色的绒毛；色泽乌润；滋味浓郁；香气芬馥；汤色鲜亮；叶底红艳成朵。

白琳工夫

- 白琳工夫（图 11.6），产于福建东北的福鼎市白琳镇，属红茶类。白琳工夫茶制作技艺传承至今已有 250 多年的历史。当时，闽、粤茶商在福鼎经营工夫红茶，以白琳为集散地，设号收购，远销重洋，白琳工夫也因此而闻名。

图 11.5　九曲红梅

图 11.6　白琳工夫

◢ 品质特点：条形紧结纤秀，含有大量橙黄白毫，特具鲜爽愉快的毫香，汤色、叶底艳丽红亮，取名为“橘红”，意为橘子般红艳的工夫红茶。

英德红茶

◢ 英德红茶（图 11.7），产于广东省英德市及其相邻县市，属红茶类。该市属喀斯特地形地貌，丘陵山区，遍布奇山溶洞，洞内水流不息，石林石笋百态千姿，洞外绿水青山，鸟语花香。“英山碧羌羌，江水绿泱泱”，风景秀丽。早在明代以前，英德就已产茶。随着对外贸易的发展，在 19 世纪前半叶英德茶叶兴盛一时。

◢ 品质特点：外形色泽乌润细嫩，颗粒重实紧结，金毫显露，汤色红艳明亮带金圈，滋味醇厚甜润，香气浓郁纯正而鲜爽，色、香、味俱佳。

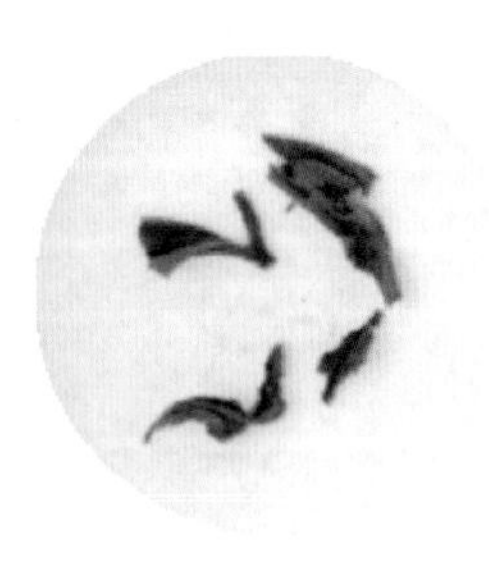

图 11.7　英德红茶

赛证直通

选择题

1. 香气馥郁持久，汤色金黄，滋味醇厚甘鲜，入口回甘带蜜味是（　　）的品质特点。
   A. 安溪铁观音　　B. 云南普洱茶
   C. 祁门红茶　　D. 太平猴魁
2. 红茶属于（　　），其叶色深红，茶汤呈朱红色。
   A. 半发酵茶类　　B. 轻发酵茶类
   C. 重发酵茶类　　D. 全发酵茶类
3. 汤色红艳明亮，香气鲜郁高长，滋味浓厚鲜爽、富有刺激性，叶底红匀嫩亮是（　　）的品质特点。
   A. 六安瓜片　　B. 君山银针
   C. 黄山毛峰　　D. 滇红工夫红茶

判断题

1. 红茶滋味的物质构成主要是茶黄素、茶褐素、花青素等。（　　）

2. 被列为世界三大高香茶的中国红茶是祁门红茶。 ( )

四、简答题

1. 说出红茶的初制工艺、品质特征及其分类。
2. 通过实物对比分析滇红工夫、祁红工夫、正山小种等名优红茶的品质特点。
3. 实训室观察及鉴赏至少 1 ～ 2 种名优红茶干茶及茶汤的特征。

第十二专题
乌龙茶

学习目标

- 知识目标：了解乌龙茶的初制工艺、品质特征及其分类。
- 能力目标：掌握安溪铁观音、武夷山大红袍、冻顶乌龙、凤凰单丛等名优乌龙茶的品质特点。
- 素养目标：了解乌龙茶大红袍的制作工艺被列入第一批“国家级非物质文化遗产名录”。其传统的加工工艺是造就乌龙茶独特品质的关键。加深学生对茶叶加工工匠精神的领悟。

基础知识

茶叶鉴赏——乌龙茶概述

有学者认为，乌龙茶可能起源于北宋的福建崇安，也有推说始于明末年代。清代陆廷灿《续茶经》所引述的王草堂《茶说》载：“武夷茶……茶采后，以竹筐匀铺，架于风日中，名曰晒青，俟其青色渐收，然后再加炒焙。阳羡岕片，只蒸不炒，火焙以成。松萝、龙井，皆炒而不焙，故其色纯。独武夷炒焙兼施，烹出之时，半青半红，青者乃炒色，红者乃焙色也。茶采而摊，摊而摝，香气发越即炒，过时不及皆不可。既炒既焙，复拣去其中老叶、枝蒂，使之一色。”

乌龙茶是介于不发酵的绿茶与全发酵的红茶之间的一类茶叶。由于它外形色泽青褐，因此也称它为“青茶”。乌龙茶主产在福建、广东、台湾三省，因茶树品种和茶叶品质的差异，可分为闽北乌龙、闽南乌龙、广东乌龙、台湾乌龙四类。乌龙茶的品质与其茶树品种和产地有密切的关系，所以各种乌龙茶往往以茶树品种来命名，这在其他茶类中并不多见。武夷岩茶“大红袍”作为乌龙茶中的名优茶广受消费者喜爱。

乌龙茶具有良好的药理功能，再加上其香高味浓、回味甘甜的特有品质，在国内外销量较大，特别是在日本，自20世纪80年代以来，已数次掀起了“乌龙茶热”。日本人还十分推崇乌龙茶的美容和养生功效，称其为“养颜茶”。

武夷岩茶大红袍的传统制作技艺于2006年被列入第一批“国家级非物质文化遗产名录”。

茶叶鉴赏——乌龙茶制作工艺

乌龙茶初制工艺

乌龙茶初制工艺：鲜叶→萎凋→摇青→杀青→揉捻→干燥。

鲜叶

乌龙茶以新梢发育将成熟，顶芽开展度约8成时，采下带驻芽的三四片嫩叶作为生产原料。

萎凋

乌龙茶的萎凋分为晒青与晾青两步。晒青是将采回的鲜叶按品种、老嫩、采摘时间，分别均匀地摊放在水筛上，置于阳光下晒，待第一叶和第二叶下垂，叶面失去光泽，叶质柔软，香气初显时进入晾青阶段。晾青就是将经晒青的叶子，移至室内通风阴凉处继续萎凋的过程。

摇青

摇青是乌龙茶加工中特有的工序，也是形成乌龙茶品质的关键措施。其目的是破坏叶缘细胞组织，使在局部范围内进行多酚类的酶促氧化，同时继续蒸发掉部分水分。摇青有手工摇青和机器摇青两种。

乌龙茶分类（表 12.1）

表 12.1　我国乌龙茶种类

乌龙茶	闽北乌龙	武夷岩茶、大红袍、肉桂、水仙等
	闽南乌龙	铁观音、奇兰、黄金桂等
	广东乌龙	凤凰单丛、凤凰水仙等
	台湾乌龙	冻顶乌龙、文山包种等

茶叶鉴赏——乌龙茶分类及特征

鉴别方法

乌龙茶基本品质特征

乌龙茶，亦称为青茶，属半发酵茶。各种乌龙茶的品质特征因茶树品种、产地及加工方法的不同而有明显的区别，但它们也具有共同的品质特征，见表 12.2。乌龙茶冲泡后，叶片上有红有绿，典型的乌龙茶是叶片中间呈绿色，叶片边缘呈红色，所以有“绿叶红镶边”之美称。乌龙茶茶汤呈黄红色，有天然花香，滋味浓醇，具有独特的韵味。

表 12.2　乌龙茶基本品质特征

乌龙茶颜色	青褐、暗绿
乌龙茶原料	两叶一芽，枝叶连理，大多是对口叶，芽叶已成熟
乌龙茶香味	花香果味，从清新的花香、果香到熟果香都有，滋味醇厚回甘，略带微苦亦能回甘
乌龙茶性质	温凉。略具叶绿素、维生素 C，茶碱、咖啡因约有 3%

武夷岩茶

“武夷不独以山水之奇而奇，更以茶产之奇而奇”。武夷岩茶产于素有“奇秀甲于东南”之誉的武夷山，属乌龙茶类，通称武夷岩茶（图 12.1）。由于品种不同、品质差别、采制时间有先后，历代对岩茶的分类甚为严格，品种花色数以百计。唐代武夷已有茶叶栽培，至宋代更是被列为皇家贡品。武夷山悬崖绝壁，深坑巨谷，茶农利用岩凹、石隙、石缝，沿边砌筑石岸，构筑“盒栽式”茶园，俗称“石座作法”。“岩岩有茶，非岩不茶”，岩茶因而得名。武夷山方圆 60 km，全山 36 峰，99 座名岩，岩岩产茶。按产茶地点不同，分为正岩茶、半岩茶、洲茶。正岩茶指武夷岩中心地带所产的茶叶，香高味醇，岩韵特显；半岩茶指武夷岩边缘地带所产的茶叶，其岩韵略逊于正岩茶；洲茶泛指崇溪、九曲溪、黄柏溪溪边靠武夷岩两岸所产的茶叶，品质又低一等。武夷茶，从原始的有性群体，经过反复选择，选育优秀单株。依据品质、形状、地点等，命以“花名”，在各种“花名”中再评出名丛。武夷岩茶习惯上分为奇种与名种。奇种是正岩所产的菜茶，品质在一般标准之上。奇种又分单丛奇种和名丛奇种。奇种均冠以各种花名，如不见天、醉海棠、瓜子金、太阳、迎春柳、夜来香等。名丛奇种是奇种中的最上品，其中最著名的如四大名丛——大红袍、白鸡冠、铁罗汉、水金龟等，普通名丛如瓜子金、半天夭等。名种指采自半岩茶和洲茶的普通菜茶，仅具岩茶的一般标准。

图 12.1　武夷岩茶之水仙

品质特点：香气馥郁，胜似兰花而幽远清雅，“锐则浓长，清则幽远”。滋味浓醇清活，生津回甘，虽浓饮而不见苦涩。茶条壮结、匀整，色泽青褐润亮呈“宝光”。叶面有沙粒白点，俗称“蛤蟆背”。冲泡后叶底“绿叶红镶边”，呈三分红七分绿。

大红袍

茶叶鉴赏——大红袍

大红袍（图 12.2），属于武夷岩茶的名丛茶树，生长在武夷山九龙窠高岩峭壁上，岩壁上至今仍保留着 1927 年天心寺僧人所作的“大红袍”石刻。这里日照短，多反射光，昼夜温差大，岩顶终年有细泉浸润流滴。这种特殊的自然环境，造就了大红袍的特殊品质。大红袍茶树现有 6 株，都是灌木茶丛，叶质较厚，芽头微微泛红，阳光照射茶树和岩石时，岩光反射，红灿灿十分醒目。

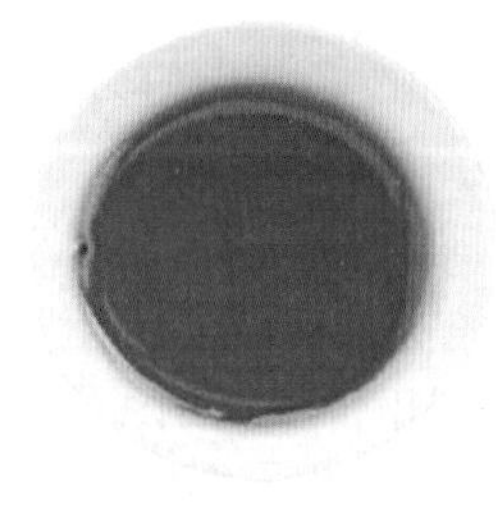

图 12.2　武夷岩茶之大红袍

品质特征：外形条索紧结，色泽绿褐鲜润，冲泡后汤色橙黄明亮，叶片红绿相间，典型的叶片有“绿叶红镶边”之美感。大红袍品质最突出之处是香气馥郁，有兰花香，香高而持久，“岩韵”明显。大红袍很耐冲泡，冲泡七八次仍有香味。品饮大红袍，必须按“工夫茶”小壶小杯细品慢饮的程序，才能真正品尝到岩茶独特的韵味。

安溪铁观音

茶叶鉴赏——铁观音

安溪铁观音（图 12.3），产于福建省安溪县，属乌龙茶类。安溪有悠久的茶叶产销历史。

图 12.3　安溪铁观音

- 铁观音茶的采制技术特别，不是采摘非常幼嫩的芽叶，而是采摘成熟新梢的二三叶，即在叶片已全部展开，形成驻芽时采摘，俗称“开面采”。采来的鲜叶力求新鲜完整，然后进行晒青和摇青（做青），直到自然花香释放，香气浓郁时进行杀青、揉捻和包揉（用棉布包茶滚揉），使茶叶卷缩成颗粒后进行文火焙干。制成毛茶后，再经筛分、风选、拣剔、匀堆、包装制成商品茶。
- 品质特点：茶条卷曲、壮结、沉重，呈青蒂绿腹蜻蜓头状。色泽鲜润，砂绿显，红点明，叶表带白露；汤色金黄似琥珀，浓艳清澈；叶底肥厚明亮，具绸面光泽。茶汤醇厚甘鲜，入口回甘带蜜味；有天然馥郁的兰花香，回甘悠久，俗称“音韵”。铁观音茶香高而持久，可谓“七泡有余香”。

台湾乌龙茶

- 台湾乌龙茶（图 12.4）是乌龙茶中发酵程度最重的一种，也是最近似红茶的一种。不同于乌龙茶采摘的一般标准，台湾乌龙是带嫩芽时采摘一芽二叶。据史料称：“台湾产茶约近百年，始以武夷之茶植于鰶鱼坑。”

茶叶鉴赏——台湾乌龙茶

图 12.4　台湾冻顶乌龙

- 品质特点：茶芽肥壮，白毫显，茶条较短，含红、黄、白三色，鲜艳绚丽。汤色呈琥珀的橙红色，叶底淡褐有红边，叶基部呈淡绿色，叶片完整，芽叶连枝。
- 台湾乌龙在国际市场上被誉为“香槟乌龙”或“东方美人”，以赞其殊香美色，在茶汤中加上一滴白兰地酒，风味更佳。

台湾包种茶

- 台湾包种茶（图 12.5）产于我国台湾地区，属乌龙茶类。包种茶是目前台湾生产的乌龙茶类中数量最多的一种。它的发酵程度在乌龙茶类中最轻。台湾包种茶为 150 余年前福建安溪王义程氏创制，当时茶店售茶均用茶叶 4 两，包成长方形四方包，包外盖有茶行的唛头，然后按包出售，称之为“包种”。1881 年福建同安茶商吴福源在台北设源隆号，同时还有安溪商人王安定与张古魁经营包种，此为台湾包种茶之起源。
- 品质特点：茶条索卷绉曲而梢粗长，外观深绿色，带有青蛙皮般的灰白点，干茶具有兰花清香。冲泡后，茶香芬芳扑鼻，汤色黄绿清澈。茶汤滋味有过喉圆滑甘润之感，回甘力强，具有“香、浓、醇、韵、美”五大特色。包种茶因其具有清香、舒畅的风韵，所以又被称为“清茶”。

图 12.5　台湾文山包种茶

包种茶按外形不同可分为两类，一类是条形包种茶，以“文山包种茶”为代表；另一类是半球形包种茶，以“冻顶乌龙茶”为代表。素有“北文山、南冻顶”之美誉。冻顶乌龙茶的原料为青心乌龙等良种芽叶。冻顶乌龙茶的品质特点为：外形卷曲呈半球形，色泽墨绿油润，冲泡后汤色黄绿明亮，香气高，有花香略带焦糖香，滋味甘醇浓厚，耐冲泡。

凤凰单丛

茶叶鉴赏——凤凰单丛

凤凰单丛（图 12.6）产于广东潮州，属乌龙茶类。凤凰单丛茶有 80 多个品系，有以叶态命名的，如山咖叶、橘子叶、竹叶、柿叶、柚叶、黄枝叶等 25 种；有以香味而命名的，如黄枝香、肉桂香、芝兰香、杏仁香、茉莉香、通天香等 15 种；有以外形命名的，如丝线茶、大骨贡、幼骨仔、大乌叶、大白叶等 26 种；以树形命名的，如石掘种、娘伞种、金狮子种、哈古捞种等 10 种。凤凰山是粤东高山之一，层峦叠嶂、峡谷纵横、岩泉渗流，凤凰单丛就生长在这得天独厚的自然环境中。

品质特点：外形较挺直肥硕，色泽黄褐似鳝鱼皮色，有天然优雅花香，滋味浓郁，甘醇、爽口，具特殊山韵蜜味，汤色清澈似茶油，叶底青蒂绿腹红镶边，耐冲泡。

图 12.6　广东凤凰单丛

安溪黄金桂

安溪黄金桂（图 12.7），又称黄金贵、透天香，产于福建省安溪县虎邱镇美庄村灶坑角落（原称西坪区罗岩乡），属乌龙茶类。安溪黄金桂是用黄旦良种茶树鲜叶制成的。

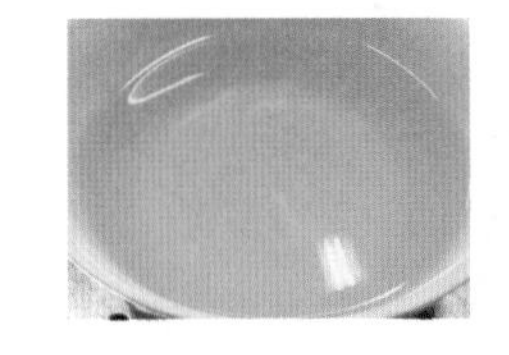

图 12.7　安溪黄金桂

- 品质特点：外形条索紧细卷曲，色泽油润金黄；内质香气高强清长，优雅奇特，仿似栀子花、桂花、梨花香等混合香气；滋味清醇鲜爽；汤色金黄明亮，叶底黄绿色，红边尚鲜红，柔软明亮；饮后齿颊留香。

赛证直通

选择题

1. 凤凰单丛香型因各名丛树形、叶形不同而有差异，其中香气清醇浓郁具有自然兰花清香的，被称为（　　）。

   A. 芝兰香单丛　B. 杏仁香单丛　C. 岭头单丛　D. 桂花香单丛

2. 茶汤青绿明亮，滋味鲜醇回甘。头泡香高，二泡味浓，三四泡幽香犹存是（　　）的品质特点。

   A. 安溪铁观音　B. 云南普洱茶　C. 祁门红茶　D. 太平猴魁

判断题

1. 基本茶类分为不发酵的绿茶类、全发酵的红茶类、半发酵的青茶类、微发酵的白茶类、轻发酵的黄茶类及后发酵的黑茶类，共六大茶类。（　　）
2. 安溪铁观音外形条索卷曲、壮结、沉重，呈青蒂绿腹蜻蜓头状。（　　）

简答题

1. 说出乌龙茶的初制工艺、品质特征及其种类。
2. 通过实物对比分析武夷山大红袍、安溪铁观音、冻顶乌龙、凤凰单丛等名优乌龙茶的品质特点。
3. 实训室观察及鉴赏至少 1 ~ 2 种名优乌龙茶的干茶及茶汤特征。

第十三专题
白　茶

学习目标

- 知识目标：了解白茶的初制工艺、品质特征及其分类。
- 能力目标：掌握白毫银针等名优白茶的品质特点。
- 素养目标：了解白茶为中国特有的茶树品种，其传统加工工艺及清芬醇和的口感反映了“天人合一”的理念。

基础知识

白茶的名称最早出现于宋代，当时是指采摘大白茶树的芽叶制成的茶。大白茶树最早发现于福建政和，这种茶树嫩芽肥大、毫多，生晒制干，香味俱佳。

从现代科学的茶叶分类角度看，将茶树鲜叶经过萎凋、干燥工艺，制成具有白茶品质特征的茶叶，就是白茶。

现代又出现了一些所谓白茶，如安吉白茶、宁波白茶等，实际上它们并不是茶分类意义上的白茶，而是由于茶树生理原因在某一阶段使新梢叶子颜色偏白，用这样比较偏白的鲜叶而制成的茶，它们多数是按绿茶工艺制成的，属于绿茶类。

白茶为中国所特有，主要产于福建省的福鼎、政和、松溪和建阳等地，台湾地区也有少量生产。白茶性清凉，退热降火，有治病功效，尤以银针最为珍贵，海外侨胞视其为茶中珍品。白茶主销我国港、澳地区，其次是新加坡、马来西亚、德国、荷兰、法国和瑞士等国，在中东地区也有一定的销量。目前茶叶市场上的白茶茶饼自然陈化，老白茶有独特的“蜜香”“药香”“荷香”，深受消费者喜爱。

白茶初制工艺

白茶的初制工艺：鲜叶→萎凋→干燥。

白茶分类（表 13.1）

表 13.1　我国白茶种类

白茶	白芽茶	白毫银针
	白叶茶	白牡丹、贡眉、寿眉等

鉴别方法

白茶基本品质特征

白茶属轻微发酵茶，其品质特征是干茶满披白毫，色泽银白灰绿，汤色清淡。见表 13.2。

表 13.2　白茶基本品质特征

白茶颜色	色白隐绿，干茶外表满披白色茸毛
白茶原料	用福鼎大白茶种的壮芽或嫩芽制造，大多是针形或长片形
白茶香味	汤色浅淡，味清鲜爽口、甘醇，香气弱
白茶性质	寒凉，有退热祛暑作用

白茶分类品质特征

白毫银针

白毫银针（图 13.1），简称银针，又叫白毫，产于福建省福鼎、政和两地，属白茶类。清嘉庆初年（公元 1796 年），福鼎用菜茶（有性群体）的壮芽为原料，创制白毫银针。

图 13.1　白毫银针

品质特点：芽头肥壮，遍披白毫，挺直如针，色白如银。福鼎所产茶芽茸毛厚，色白富光泽，汤色浅杏黄，味清鲜爽口。政和所产汤味醇厚，香气清芬。

白牡丹

白牡丹（图 13.2），又名大白，俗称白仔，产于福建东北部山区，属白茶类。福建省福鼎市一带盛产的茶身披白茸毛，宛如一朵朵花，有润肺清热功效，陈皮白茶常当药用。

图 13.2　白牡丹

如今的白牡丹于 1922 年开始试制，此茶不炒不揉，直接萎凋干燥而成，是福建省独特的外销茶和侨销茶。在香港被称为“牡丹王”。

品质特点：白毫银针笔直，叶绿微卷，芽叶连枝，叶伸展，叶色呈浅翠绿，叶背密布白色茸毛，有“青天白地”之称。内质高香鲜爽，滋味清甜醇爽，饮之香味长久，咽后回甜，汤色清黄明亮，叶底肥厚嫩匀。既是一种良好的消暑饮料，又是一种馈赠亲友的佳品，畅销我国港、澳地区及东南亚各国。

赛证直通

选择题

1. 白茶素有（　　）之美誉，主要产于福建省的福鼎、政和、松溪、建阳等地。

   A. 绿妆素裹　　B. 银装素裹

   C. 绿叶红镶边　　D. 银装绿裹

2. 形成白茶品质的关键加工工艺是（　　）。

   A. 杀青　　B. 揉捻

   C. 萎凋　　D. 发酵

判断题

1. 白茶素有“一年茶、三年药、十年宝”之说。（　　）
2. 白茶属于微发酵类茶叶，萎凋干燥是其主要加工工艺。（　　）

△ 简答题

1. 说出白茶的初制工艺、品质特征及其分类。
2. 通过实物对比分析白毫银针、白牡丹等名优白茶的品质特点。
3. 实训室观察及鉴赏至少 1 ～ 2 种名优白茶的干茶及茶汤特征。

第十四专题 黄茶

学习目标

- 知识目标：了解黄茶的初制工艺、品质特征及其分类。
- 能力目标：掌握君山银针、蒙顶黄芽、霍山黄芽等名优黄茶的品质特点。
- 素养目标：培养学生对我国传统名优黄茶历史文化的热爱。

基础知识

专家认为，黄茶是从绿茶工艺演变而来的。当绿茶炒制工艺掌握不当，如杀青温度太低，蒸青时间过长，杀青后未及时摊凉、揉捻，或揉捻后未及时烘干、炒干等，都可能使叶子变黄，导致黄叶、黄汤的结果。这样的茶叶基本上与现代的黄茶相同。这样偶然产生的工艺被理解并主动改善，特别是将“乘热闷黄”的做法改进并固定后，便演变成为现代的黄茶加工工艺。明代许次纾在《茶疏》（1597年）中的记载与这种演变推断相似：“顾彼山中不善制法，就于食铛火薪焙炒，未及出釜，业已焦枯讵堪用哉。兼以竹造巨笥，乘热便贮，虽有绿枝紫笋，辄就萎黄，仅供下食，奚堪品斗。”

黄茶也是中国特产，主要产于安徽、四川、湖南、湖北、浙江、广东等地。

黄茶初制工艺

- 黄茶的初制工艺：鲜叶→杀青→揉捻→闷黄→干燥。
- 或：鲜叶→杀青→闷黄→揉捻→干燥。

闷黄

- 闷黄是制造黄茶的特殊工艺，也是形成黄茶黄叶、黄汤品质特点的关键工序。闷黄是将揉捻叶堆闷在竹篓中，使叶色变黄，香气滋味也随之改变。“闷黄”工序，有的是杀青后、揉捻前进行，有的是揉捻后进行。

黄茶分类（表 14.1）

表 14.1　我国黄茶种类

黄茶	黄芽茶	君山银针、蒙顶黄芽、霍山黄芽等
	黄小茶	北港毛尖、沩山毛尖、温州黄汤、鹿苑茶等
	黄大茶	霍山黄大茶、广东大叶青等

鉴别方法

黄茶基本品质特征

黄茶属轻微发酵茶，具有“色黄、汤黄、叶黄”三黄的特征，再加上其“香味清悦醇和”，便是黄茶共同的品质特征。见表 14.2。

表 14.2　黄茶基本品质特征

黄茶颜色	黄叶、黄汤
黄茶原料	用带有茸毛的芽头、芽或芽叶制成。制茶工艺类似绿茶，制作时要加以闷黄
黄茶香味	香气清纯，滋味甜爽
黄茶性质	凉性，因产量少，是珍贵的茶叶

黄茶分类品质特征

黄芽茶

黄芽茶（图 14.1）原料细嫩，由单芽或一芽一叶加工而成。其芽头肥硕，满披白毫，色金黄闪银光，被誉为“金镶玉”。其汤杏黄色，香清鲜，味甘鲜。冲泡后芽头三起三落，颇有欣赏价值。

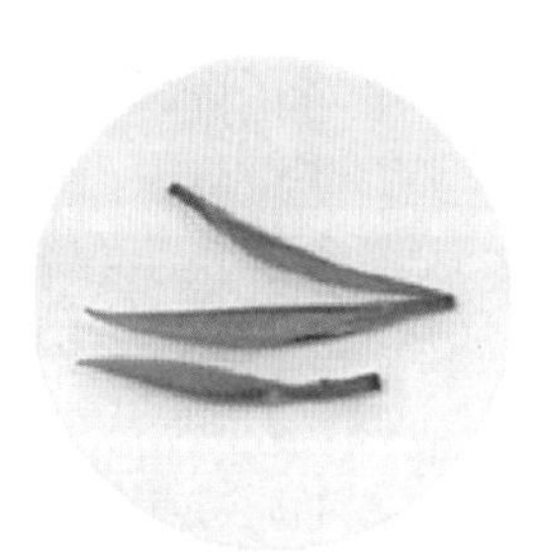

图 14.1　黄芽茶

黄小茶

黄小茶由细嫩芽叶（如一芽一、二叶初展）制成。其条索紧直略弯，显毫，色金黄，汤杏黄色，香幽味醇。

黄大茶

黄大茶由一芽二、三叶至一芽四、五叶为原料制作而成。其叶大梗大，黄色黄汤，有锅巴香，味浓耐泡。

君山银针

君山银针（图 14.2），产于湖南省岳阳市洞庭湖的君山，属黄茶类。君山是一岛屿，岛上土地肥沃，雨量充沛，竹木相覆，郁郁葱葱，春夏季湖水蒸发，云雾弥漫，自然环境适宜种茶。君山茶始于唐代，始贡于五代。

品质特点：香气清高，味醇甘爽，汤黄澄亮，芽壮多毫，条直匀齐，着淡黄色茸毛。冲泡君山银针时，茶芽在杯中会出现“三起三落”的景象。“三起三落”是由于茶芽吸水膨胀和重量增加不同步，芽头比重瞬间变化而引起的。最外一层芽肉先吸水，比重增大即下降，随后芽头体积膨大，比重变小则上升，继续吸水又下降……如果亲身考察君山银针冲泡的情景，会发现能起落的芽头为数并不太多，且一个芽头落而复起三次更属罕见。这种现象在其他芽头肥壮的芽茶中也偶尔可见，但都不及君山银针频繁。茶芽上浮竖立时，状似鲜笋出土，吸水下沉时，犹如落花朵朵，最后茶芽落于杯底，又如刀枪林立。芽影汤色，相映成趣，伴以芳香，给人以美的享受。1956 年，在莱比锡国际博览会上，君山银针荣获金质奖，被称为“金镶玉”。

图 14.2　君山银针

霍山黄芽

霍山黄芽（图 14.3），产于安徽省西部大别山区的霍山县，属黄茶类。历史上名茶多为贡品，霍山黄芽也不例外。据唐《国史补》记载，当时贡品名茶已有十四品目，其中就有霍山黄芽。霍山黄芽作为贡品有详细文史资料记载始于明代，但制法久已失传。1971 年霍山县研制恢复了这一历史名茶。

品质特点：形似雀舌，叶色绿润泛黄，芽叶细嫩多毫，汤色绿稍黄明亮，香气清幽，叶底黄绿嫩匀，滋味浓厚、鲜醇回甘。

图 14.3　霍山黄芽

温州黄汤茶

- 温州黄汤茶（图 14.4），产于浙江温州市的泰顺、平阳、瑞安、永嘉等地，品质以泰顺东溪与平阳北港所产为最好，属黄茶类。
- 品质特点：香气清芬高锐，茶味鲜醇爽口，汤色橙黄鲜明，芽叶细嫩，色泽黄绿而多毫，条形细紧。

莫干黄芽茶

- 莫干黄芽茶（图 14.5），产于浙江省湖州市德清县（原武康县）西北部的莫干山，属黄茶类。莫干山，海拔 724 m，是巍峨的天目山插入杭嘉湖平原的支脉，境内山峦起伏，云雾缭绕，翠竹连绵，清泉满山，素以“竹胜”“云胜”“泉胜”三胜而著称，是闻名遐迩的避暑胜地。
- 品质特点：外形细嫩，芽状毫显，色泽嫩黄油润，芳香幽雅，叶底明亮成朵，滋味鲜爽，汤色嫩黄。

鹿苑毛尖

- 鹿苑毛尖（图 14.6），产于湖北省远安县，属黄茶类。唐代陆羽《茶经》就有远安（古属峡州）产茶之记载。清咸丰年间《远安县志》记载：“远安茶，以鹿苑为绝品。”鹿苑茶因产于鹿苑寺而得名，该寺位于县城西北群山之中的云门山麓。
- 品质特点：外形条索环状（环子脚），白毫显露，色泽金黄（略带鱼子泡），香郁高长，滋味醇厚回甘，汤色黄净明亮，叶底嫩黄匀整。

图 14.4　温州黄汤茶

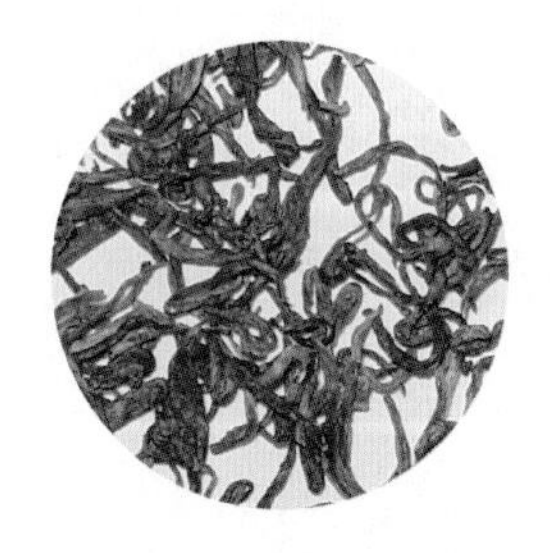

图 14.5　莫干黄芽茶

图 14.6　鹿苑毛尖

赛证直通

选择题

1. 形成黄茶“黄汤黄叶”品质特征的关键工艺是（　　）。

   A. 萎凋　　B. 杀青　　C. 发酵　　D. 闷黄

2. 黄茶按照（　　）程度的不同，可以分为黄芽茶、黄小茶、黄大茶。

   A. 采摘时间　　B. 叶子形状　　C. 叶片部位　　D. 芽叶细嫩

3. （　　）香气清鲜，汤色浅黄，滋味甜爽，冲泡后芽叶三上三下，如群笋出土，极为美观。

   A. 霍山黄芽　　B. 君山银针　　C. 白牡丹　　D. 白鸡冠

简答题

1. 说出黄茶初制工艺、品质特征及其种类。
2. 通过实物对比分析君山银针、霍山黄芽等名优黄茶的品质特点。
3. 实训室观察及鉴赏至少 1 ～ 2 种名优黄茶的干茶及茶汤特征。

第十五专题 黑茶

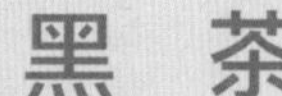

学习目标

- 知识目标：了解黑茶的初制工艺、品质特征及其分类。
- 能力目标：掌握普洱茶等名优黑茶的品质特点。
- 素养目标：了解黑茶作为边销茶的历史地位及茶马古道的茶文化传播历史。

基础知识

据专家推论，黑茶起源于明代中叶。其出现的过程可能与黄茶相似，也是因为对绿茶加工工艺掌握不当，特别是在茶叶足干前的一段时间内，茶叶被长时间堆积，导致茶叶的后发酵，并形成黑茶的品质特征。明代嘉靖三年（1524年），御史陈讲疏记载了当时湖南安化生产黑茶，并销往边区以换马的情形："商茶低伪，悉征黑茶，产地有限，乃第萎上中二品，印烙篾上，书商品而考之。每十斤蒸晒一篾，送至茶司，官商对分，官茶易马，商茶给卖。"

黑茶也是中国特产，生产历史悠久，主产于我国四川、云南、湖南、湖北、广西等地，产销量大，品种繁多。根据中国茶叶流通协会统计数据，我国黑茶年产量占全国茶叶总产量13%左右。近年来黑茶茶叶产量增幅较大。黑茶以边销为主，部分销往内地，也有少量侨销，因此习惯上称黑茶为"边销茶"。

黑茶是中国藏族、蒙古族、维吾尔族等民族日常生活必不可少的饮品，"宁可一日无食，不可一日无茶"，便是其真实写照。

黑茶初制工艺

黑茶的初制工艺：鲜叶→杀青→揉捻→渥堆→干燥。

渥堆

渥堆是形成黑茶特有品质的关键工序。一般茶青制作到揉捻即算告一段落，剩下的只是干燥，但后发酵茶在杀青、揉捻后有一个堆放的过程，称为渥堆，也就是将揉捻过的茶青堆积存放。由于茶青水分颇高，堆放后会发热，且引发了微生物的生长，使茶青产生了另一种的发酵，茶质被降解而变得醇和，颜色被氧化而变得深红，形成了黑茶独有的品质特征。

黑茶分类（表 15.1）

表 15.1　我国黑茶种类

黑茶	湖南黑茶	安化黑茶等
	湖北黑茶	蒲圻老青茶等
	四川边茶	南路边茶、西路边茶等
	滇桂黑茶	普洱茶、六堡茶等

鉴别方法

黑茶基本品质特征

黑茶属后发酵茶，一般原料粗老，加之制造过程中往往堆积发酵时间较长，因而叶色油黑或黑褐，故称黑茶。黑茶的品质特征：条索卷折成泥鳅状，色泽油黑，汤色橙黄，叶底黄褐，滋味醇厚，有陈香。见表 15.2。

表 15.2　黑茶基本品质特征

黑茶颜色	青褐色，汤色橙黄或褐色，虽是黑茶，但泡出的茶汤未必是黑色
黑茶原料	花色、品种丰富，大叶种等茶树的粗老梗叶或鲜叶经后发酵制成
黑茶香味	具陈香，滋味醇厚回甘
黑茶性质	温和。属后发酵茶，可存放较久，耐泡耐煮

黑茶分类品质特征

普洱茶

普洱茶（图 15.1），产于云南原思普区（今思茅、西双版纳两地），属黑茶类。云南普洱茶在历史上泛指云南原思普区用云南大叶种茶树的鲜叶，经杀青、揉捻、晒干而制成的晒青茶，以及用晒青压制成的各种规格的紧压茶，如普洱沱茶、普洱方茶、七子饼茶、藏销紧茶、团茶、竹筒茶等。自唐宋以来，普洱茶因集中在普洱府销售而得名。由于云南地处云贵高原，历史上交通闭塞，茶叶运输靠人背马驮，从滇南茶区运输到西藏和港澳，以及东南亚各国，历时往往一年半载。茶叶在运输途中，茶多酚类在温、湿条件下不断氧化，形成了普洱茶的特殊品质风格。“雾锁千树茶，云开万壑葱，香飘十里外，味酽一杯中。”这是对普洱茶产地和普洱茶品质的赞颂。在交通发达的今天，运输时间大大缩短，为适应消费者对普洱茶特殊风格的需求，1973年起，云南茶叶进出口公司在昆明茶厂用晒青毛茶，经高温、高湿人工速成的后发酵处理，制成了云南普洱茶。普洱茶性温和，有抑菌作用，能降脂、减肥、防治高血压，被誉为“减肥茶”“窈窕茶”“益寿茶”。目前，普洱茶年产量在2 000多吨，年出口量在1 500吨左右，主销我国港澳地区和缅甸、泰国、日本、新加坡、马来西亚等国，以及不少欧美国家。

- 品质特点：普洱散茶外形条索肥硕，色泽褐红，呈猪肝色或带灰白色。汤色红浓明亮，香气具有独特陈香，叶底褐红色，滋味醇厚回甜，饮后令人心旷神怡。普洱沱茶，外形呈碗状，每个重为100 g或250 g。普洱方茶呈长方形，规格为长15 cm、宽10 cm、厚3.35 cm，净重250 g。七子饼茶形似圆月，七子为多子多孙、多富贵之意。

图15.1 普洱散茶、沱茶、茶汤、叶底

云南沱茶

- 云南沱茶产于云南下关、勐海、临沧、凤庆、南涧、昆明等地，以下关沱茶品质最好，属黑茶类。由明代的“普洱团茶”和清代的“女儿茶”演变而来。
- 品质特点：外形似碗臼状，下有一凹窝，像一个压缩了的燕窝，外径8.3 cm，高4.3 cm，每个重量100 g。外形紧结端正，色泽乌润，外披白毫，香气馥郁清香，汤色橙黄明亮，滋味醇爽回甜，有提神醒酒、明目清心、解渴利尿、除腻消食之功能，还有止胃出血、止腹胀、止头痛之疗效。

苍梧六堡茶

- 苍梧六堡茶（图15.2），产于广西苍梧县六堡乡及贺州、恭城等地，属黑茶类，已有200多年的生产历史。六堡茶有散茶和篓装紧压茶两种，六堡散茶直接饮用。民间常把已贮存数年的陈六堡茶用于治疗痢疾，除瘴，解毒。

图 15.2　苍梧六堡散茶及茶汤

品质特点：干茶色泽褐黑光润，叶条粘结成块，间有黄色菌类孢子，味醇和适口，汤色呈深紫红色，但清澈而明亮，叶底红中带黑而有光泽。有槟榔香、槟榔味、槟榔汤色是六堡茶质优的标志。

赛证直通

选择题

当前湖南茶叶产量最大的茶类是（　　）。

A. 红茶　　B. 绿茶　　C. 黑茶　　D. 黄茶

判断题

1. 人们常常称云南普洱茶的汤色为“陈红酒”“琥珀”“石榴红”“宝石红”等。（　　）
2. 黑茶是汉族、蒙古族和维吾尔族日常生活的必需品，有“宁可三日无食，不可一日无茶”之说。（　　）

简答题

1. 说出黑茶的初制工艺、品质特征及其分类。
2. 通过实物对比分析普洱茶等名优黑茶的品质特点。
3. 实训室观察及鉴赏至少 1 ~ 2 种名优黑茶的干茶及茶汤特征。

第十六专题
花　茶

学习目标

- 知识目标：了解花茶的初制工艺、品质特征及其种类。
- 能力目标：掌握茉莉花茶等名优花茶的品质特点。
- 素养目标：了解花茶在各历史时期的工艺及各地名优花茶的特点，培养学生对家乡茶文化的热爱。

基础知识

花茶是相对于素茶而言的。素茶指没有加香花等配料的茶。人们为了增强茶叶的香气，便尝试将香料或香花加入茶叶，这种做法已有很久的历史。宋代蔡襄《茶录》记载："茶有真香，而入贡者微以龙脑和膏，欲助其香。"南宋施岳《步月·茉莉》词中有茉莉花焙茶的记述，该词原注："茉莉岭表所产……此花四月开，直至桂花时尚有玩芳味，古人用此花焙茶。"明代钱椿年的《茶谱》中载："木樨、茉莉、玫瑰、蔷薇、兰蕙、橘花、栀子、木香、梅花皆可作茶。"这表明，当时已经掌握了花茶的加工技术。

花茶也是中国特有的茶类。它是采用香花（如茉莉、珠兰等）与茶叶（俗称"茶坯""素茶"）拼和窨制，使茶叶吸收花香而制成。花茶的主要产区有福建的福州、宁德、沙县，江苏的苏州、南京、扬州，浙江的金华、杭州，安徽的歙县，四川的成都，湖南的长沙，广东的广州，广西的桂林、横县，台湾的台北等地。花茶的内销市场主要在华北、东北地区，以山东、北京、天津等地的销量最大。外销也有一定市场。

窨制花茶的茶坯主要是绿茶中的烘青，也有少量炒青和部分细嫩绿茶，如大方、毛峰等。红茶与乌龙茶窨制成花茶的数量相对较少。

花茶因窨制的香花不同分为茉莉花茶、白兰花茶、珠兰花茶、玳玳花茶、柚子花茶、桂花茶、玫瑰花茶、栀子花茶、米兰花茶、树兰花茶等。也有把花名和茶名连在一起称呼的，如茉莉烘青、珠兰大方、茉莉毛峰、桂花铁观音、玫瑰红茶、茉莉乌龙等。

花茶分类（表 16.1）

表 16.1　我国花茶种类

花茶										
绿茶花茶							红茶花茶		乌龙茶花茶	
茉莉花茶	珠兰花茶	白兰花茶	桂花茶	玳玳花茶	柚子花茶	米兰花茶	玫瑰红茶	荔枝红茶	桂花铁观音	桂花乌龙

鉴别方法

花茶基本品质特征

花茶是将茶叶加花窨烘而成的。发酵度视茶类而别，大陆以绿茶窨花多，我国台湾地区以青茶窨花多，目前红茶窨花也愈来愈多。花茶饮之既有茶味，又有花的芬芳，是一种再加工茶叶。其基本品质特征见表 16.2。

表 16.2　花茶基本品质特征

花茶颜色	视茶类而别，但都会有少许花瓣存在
花茶原料	以茶叶加花窨烘而成，茉莉花、玫瑰花、桂花、黄枝花、兰花等，都可加入各类茶中窨成花茶
花茶香味	浓郁花香和茶味
花茶性质	凉温都有，因富有花的特质，饮用花茶另有花的风味

每种花茶都具有各自的特色，但总的品质均要求香气鲜灵浓郁，滋味浓醇鲜爽，汤色明亮。

茉莉花茶的产区十分广泛，它是采用经加工干燥的绿茶与含苞待放的茉莉鲜花混合窨制而成的再加工茶，其色、香、味、形与茶坯的种类、质量及鲜花的品质有着密切的关系。茉莉花茶多以烘青绿茶为主要原料，因此也被称为茉莉烘青。近年来，开始流行用龙井、毛峰等名茶作为茶坯来窨制茉莉花茶，它们被称作特种茉莉花茶，这使得花茶的品质进一步提升。

优质的茉莉花茶具有干茶外形条索紧细匀整，色泽黑褐油润，冲泡后香气鲜灵持久，汤色黄绿明亮，叶底嫩匀柔软，滋味醇厚鲜爽的特点。不过，茉莉花茶因产地不同，其制作工艺与品质也不尽相同，各具特色，其中最为著名的有苏州茉莉花茶、福建茉莉花茶等。

花茶分类品质特征

苏州茉莉花茶

苏州茉莉花茶现代产于江苏省苏州茶厂。它的生产最初始于南宋，历史十分悠久，是我国传统名花茶。苏州茉莉花茶选用苏、浙、皖三省吸香性能好的烘青绿茶为茶坯，配以香型清新而又成熟粒大、洁白光润的茉莉鲜花精工窨制而成，其制作工艺精湛，达十余道工序之多。苏州茉莉花茶外观条索紧细匀整，白毫显露，干茶色泽油润；冲泡后的茶汤清澈透明，叶底幼嫩；香气鲜美、浓厚、纯正、清高，入口爽快，持续性能好。

福建茉莉花茶

福建茉莉花茶（图 16.1）主产于福建省福州市及闽东北地区，它选用优质的烘青绿茶，用茉莉花窨制而成。福建茉莉花茶的外形秀美，毫峰显露，香气浓郁，鲜灵持久，泡饮鲜醇爽口，汤色黄绿明亮，叶底匀嫩亮绿，经久耐泡。在福建茉莉花茶中，最为高档的要数茉莉大白毫，它采用多茸毛的茶树品种作为原料，使成品茶白毛覆盖。茉莉大白毫的制作工艺特别精细，生产出的成品外形毫多芽壮，色泽嫩黄，香气鲜浓、纯正持久，滋味醇厚爽口，是茉莉花茶中的精品。

图 16.1　福建茉莉花茶茶叶、茶汤及叶底

赛证直通

选择题

1. 六大类成品茶的分类依据是（　　）。
   A. 茶树品种　　B. 生长地带
   C. 采摘季度　　D. 加工工艺
2. 窨花茶一般具有（　　）的品质特点。
   A. 头泡香气低沉　　B. 浓郁纯正香气
   C. 有茶味无花香　　D. 有花干无花香

判断题

1. 茉莉花茶是花茶中产销量最多的品种，产于众多茶区，其中以福建泉州、宁德和江苏苏州所产的品质最好。（　　）
2. 窨制花茶是中国最传统的花茶，又名香片，是将茶叶和香花拼和窨制，利用茶叶的吸附性，使茶叶吸收花香而成。（　　）

简答题

1. 说出花茶的初制工艺、品质特征及其种类。
2. 通过实物对比分析茉莉花茶等名优花茶的品质特点。
3. 实训室观察及鉴赏至少 1 ~ 2 种名优花茶的干茶及茶汤特征。

第四模块

茶叶冲泡

第十七专题 绿茶冲泡

学习目标

- 知识目标：掌握绿茶冲泡基本流程和一般技法。
- 能力目标：熟练掌握用玻璃杯和盖碗冲泡绿茶的基本方法；具备中高级茶艺师茶艺服务能力和操作技能。
- 素养目标：熟知并熟练应用冲泡绿茶时的传统待客礼仪，培养对传统文化的审美能力。

基础知识

绿茶是我国历史最悠久，品种最多，产量最大，销售最广泛和种植面积最广的一种茶类。绿茶属不发酵茶，干茶呈翠绿、嫩绿或黄绿色，茶汤清澈明亮，滋味鲜爽，其品质特征为清汤绿叶。按其干燥和杀青方法的不同，一般分为炒青、烘青、晒青和蒸青绿茶。我国名优绿茶主要有：西湖龙井、洞庭碧螺春、黄山毛峰、庐山云雾、六安瓜片、信阳毛尖、蒙顶甘露、都匀毛尖等。绿茶冲泡方法主要有玻璃杯冲泡和盖碗冲泡两种。其中，西湖龙井是中国的十大名茶之一，是名优绿茶的代表。龙井茶主要产于浙江省中部一带，分为西湖、钱塘、越州三个产区。龙井茶以杭州西湖产区所出的西湖龙井最为著名，而西湖龙井中又以产于梅家坞附近狮峰之上的狮峰龙井为极品。

准备工作

茶艺师在冲泡绿茶前，要做好一系列的准备工作，这些工作大体包括以下几个方面。

茶叶质量检查

以西湖龙井为例，干茶要求外形匀整，扁平光滑、挺秀，色泽翠绿，香气清新；

茶叶干燥，包装密封性好。

备器

冲泡绿茶需要的茶叶及茶具有：名优绿茶（如西湖龙井）10 g、竹制（或木制）茶盘、无色透明中型玻璃茶杯 3 只、茶叶罐、白瓷茶荷、茶匙、玻璃提梁壶、随手泡（煮水器）、水盂、茶巾。将准备好的玻璃茶杯整齐地摆放在茶盘上，摆放时既要美观又要便于取用。

煮水候汤

冲泡绿茶要求水温 80 ~ 85 ℃，应将水烧好再注入玻璃壶中凉汤备用。

温杯洁具

冲泡名优绿茶要求选用完好、无色、无花纹的透明中型玻璃杯，冲泡大宗绿茶可选用白瓷、青瓷盖碗，冲泡前应先用热水烫洗杯具，以利于提高茶杯温度和鉴赏汤色。

操作技能

茶叶冲泡——绿茶冲泡

所需物品

名优绿茶 10 g、玻璃杯、玻璃提梁壶、随手泡（煮水器）、水盂、茶叶罐、茶荷、茶匙、茶巾、茶盘。

基本手法与姿势

- 冲泡时，茶艺师坐在茶桌一侧与宾客面对面。
- 面带微笑，表情自然；着装整洁、素雅（一般要求穿茶馆工作装或旗袍）；举止端庄、文雅，上身挺直，双腿并拢正坐或双腿向一侧斜坐。
- 右手在上，双手虎口相握呈“八”字形，平放于茶巾上。
- 双手向前合抱捧取茶叶罐、茶道组、花瓶等立放物品。掌心相对捧住物品基部平移至需要位置，轻轻放下后双手收回。
- 握杯手势是右手虎口分开，握住茶杯基部，女士可微翘起兰花指，再用左手指尖轻托杯底。
- 温杯的手法是左手平放在茶巾上，右手四指与拇指分别握住开水壶壶把两侧，将开水壶提高后向下倾斜 45°，使开水沿玻璃杯内壁按逆时针方向注入，当开水注入玻璃杯 1/3 容量时，慢慢降低提壶高度，提腕断水，双手配合端起玻璃杯并使其慢慢旋转，起到温杯洗杯的作用。

- 高冲水的手法是右手提开水壶，壶嘴向下倾斜45°，使开水沿玻璃杯内壁按逆时针方向注入，随即提高开水壶，连续三次上下提壶冲水称为“凤凰三点头”，其目的是使茶叶随水翻滚，尽快舒展。

基本要求

- 选用无色透明玻璃杯可以欣赏绿茶芽叶及冲泡全过程。
- 冲泡前先检查茶具数量、质量，并用开水烫洗茶杯，起到温杯洁具的作用。
- 用80 ~ 85 ℃水冲泡名优绿茶，可使香气纯正，滋味鲜爽。
- 每杯投茶量为3 g，冲泡后在3 ~ 5 min内饮用为好，时间过长或过短都不利于茶香散发及茶汤滋味辨别。
- 冲泡时注意开水壶壶口不应朝向宾客，提壶手势一般采用内旋法。
- 玻璃杯冲泡绿茶适用“上投法”“中投法”的置茶方法，盖碗冲泡可选用“中投法”“下投法”的置茶方法。上投法即先向玻璃杯中注入热水至七分满，再投入所需茶叶；该方法适合于紧实、易于下沉的茶叶（如碧螺春）。中投法指先向茶杯中注入少量热水后再投放茶叶，使茶叶充分吸收热量后舒展开来，再注入热水至七分满；该方法适合于条形纤细、不易下沉的茶叶（如黄山毛峰）。下投法即先将茶叶投入茶杯，再注入热水至七分满；该方法适合于扁平光直、不易下沉的茶叶（如西湖龙井）。
- 冲泡绿茶注水量一般到七分满为宜。
- 一般绿茶可续水2 ~ 3次。冲泡次数越多，茶叶营养物质浸出越少。

用水要求

- 唐代茶圣陆羽在《茶经》中指出：“其水，用山水上，江水中，井水下。”茶艺泡茶用水一般以山泉水或矿泉水为上，其次是洁净的溪水、江水，即软水，水中钙镁离子含量每升小于8 mg。选好洁净的泡茶用水备用。
- 水温要求：名优绿茶（如西湖龙井、洞庭碧螺春等）宜用80 ~ 85 ℃水温的初沸泉水冲泡；大宗绿茶用90 ℃开水冲泡。
- 茶水比例：一般每杯投茶3 g，冲入适宜温度的水150 ml，茶与水比为1∶50。

玻璃杯冲泡名优绿茶的基本程序

- 备器：准备好冲泡绿茶时需使用的茶具和辅助用具。
- 赏茶：用茶匙将茶叶罐中的绿茶轻轻拨入茶荷供宾客观赏。

- 洁具：玻璃杯依次排开并向玻璃杯中注入 1/3 容量开水，逐一旋转杯身用于温杯洗杯，左手轻托杯底，右手转动杯身后将开水倒入水盂。
- 置茶：用茶匙将茶荷中的绿茶轻轻拨入玻璃杯中（下投法），每杯约投放 3 g 茶叶。
- 温润泡：用内旋法将开水壶中的开水沿玻璃杯内壁慢慢注入杯子约占 1/4 的容量。温润泡时间应掌握在 15 s 以内。
- 冲泡：用“凤凰三点头”方法提壶高冲，使茶叶上下翻滚，开水应注入至七分满。
- 奉茶：右手轻握杯身，左手托杯底，双手将茶奉送到宾客面前，做出“请”的手势，请来宾品茶。如图 17.1 ~图 17.4 所示。

图 17.1　备器

图 17.2　温杯洁具

图 17.3　冲泡

图 17.4　奉茶

玻璃杯冲泡名优绿茶基本操作规范（表 17.1）

表 17.1　玻璃杯冲泡名优绿茶基本操作规范

程序	操 作 规 范
备器、赏茶	1. 净手并检查玻璃茶具及茶叶质量 2. 按规范将茶具“一”字或弧形排开，整齐摆放在茶盘内，准备好泡茶用水 3. 双手捧取茶叶罐，用茶匙将茶叶轻轻拨入茶荷 4. 双手捧握茶荷，向来宾介绍茶叶类别名称及特性，邀请来宾欣赏
洁具、投茶	5. 右手提壶向玻璃杯中注入 1/3 容量的开水烫洗茶杯 6. 将玻璃杯中的开水依次倒入水盂中 7. 将茶荷中的茶叶用茶匙依次轻轻拨入玻璃杯中

续表

程序	操 作 规 范
温润泡	8. 右手提壶用内旋法在 15 s 以内向玻璃杯中注入 1/4 容量的开水
高冲水	9. 右手提壶悬壶高冲，用“凤凰三点头”法逆时针向杯中缓缓注入开水至七分满
奉茶	10. 右手轻握杯身，左手托杯底，双手将茶奉送到宾客面前，平放在茶桌上，右手掌心向上，做出“请”的手势，向宾客行点头礼，请来宾用茶
观赏茶舞	11. 右手握住玻璃杯，左手轻托杯底端，透过光线欣赏玻璃杯中茶叶飞舞的优美情景，引发自然审美的联想
品饮	12. 品饮前先细闻杯中清幽的茶香，再小口品啜，慢慢回味
谢客	13. 为宾客及时续水，整理茶桌上茶具，感谢宾客光临

盖碗冲泡绿茶基本操作规范（表 17.2）

表 17.2　盖碗冲泡绿茶基本操作规范

程序	操 作 规 范
备器	1. 净手并检查盖碗茶具及茶叶质量 2. 按规范将茶具“一”字或弧形排开，整齐摆放在茶盘内 3. 打开随手泡电源开关，准备泡茶用水。等开水初沸后打开壶盖凉汤，水温约 80 ℃为宜，大宗绿茶可用 90 ℃开水冲泡
赏茶	4. 双手捧取茶叶罐，用茶匙将茶叶轻轻拨入茶荷 5. 双手捧握茶荷，邀请来宾欣赏茶叶外形，并介绍茶叶类别、名称及特性
洁具	6. 右手虎口分开，用拇指、中指捏住盖钮两侧，食指抵住盖钮，掀开杯盖，斜置于茶托右侧，依次向盖碗内注入 1/3 容量的开水 7. 右手将盖碗稍加倾斜地盖上，双手拇指按住盖钮，轻轻旋转茶碗 2 ~ 3 圈，将开水从盖与碗身的缝隙中倒入水盂
投茶	8. 左手持茶荷，右手拿茶匙，将茶叶从茶荷中依次拨入盖碗内，通常每个盖碗内投放 3 g 干茶即可
冲泡	9. 右手提壶沿盖碗内壁高冲水至茶碗七分满即可，迅速加盖并在盖与碗间留一定间隙，避免闷黄失味
奉茶	10. 双手持碗托，将茶奉给宾客并行点头礼，邀请来宾用茶
品饮	11. 品饮前先细闻杯中清幽的茶香，再小口品啜，慢慢回味
谢客	12. 为宾客及时续水，整理茶桌上茶具，感谢宾客光临

赛证直通

基础知识部分

选择题

1. 茶汤青绿明亮，滋味鲜醇回甘，头泡香高，二泡味浓，三四泡幽香犹存是（　　）的品质特点

   A. 安溪铁观音　B. 云南普洱茶　C. 祁门红茶　D. 太平猴魁

2. 西湖龙井茶冲泡时根据茶叶形态大小适合选择（　　）冲泡。

   A. 上投法　B. 中投法　C. 下投法　D. 以上手法均可以

3. 龙井茶冲泡中“凉汤”的作用是（　　）。

   A. 预防烫熟茶芽　B. 预防烫伤叶底

   C. 预防茶叶太浓　D. 预防茶味速减

4. 95° 以上的水温适宜冲泡（　　）茶叶。

   A. 碧螺春　B. 大红袍　C. 六安瓜片　D. 黄山毛峰

5. 香气清高、味道甘鲜是（　　）的品质特点。

   A. 六安瓜片　B. 君山银针　C. 黄山毛峰　D. 滇红工夫茶

简答题

1. 冲泡绿茶的准备工作主要包括哪几个方面？
2. 名优绿茶和大宗绿茶冲泡水温各是多少？
3. 如何用玻璃杯冲泡绿茶？

操作技能部分

内容（表 17.3）

表 17.3　操作技能考核内容

考核项目	考核标准
备器洁具	准确掌握玻璃杯温杯方法。要求动作规范、熟练
玻璃杯冲泡绿茶	准确掌握用玻璃杯冲泡绿茶的方法。要求动作规范、熟练，时间把握准确
盖碗冲泡绿茶	准确掌握用盖碗冲泡绿茶的方法。要求动作规范、熟练，时间把握准确

方式

实训室操作玻璃杯和盖碗冲泡名优绿茶的流程。

第十八专题
红茶冲泡

学习目标

- 知识目标：了解红茶清饮与调饮基本程序与方法。
- 能力目标：掌握红茶冲泡基本流程和一般技法；熟练掌握用白瓷壶、盖碗和紫砂壶冲泡红茶的基本方法；具备中高级茶艺师茶艺服务能力和操作技能。
- 素养目标：在红茶冲泡中遵守茶艺师职业规范，体现职业素养，并以创新精神开创各类红茶调饮泡法。

基础知识

红茶是世界上茶叶生产和消费量最大的茶类。在我国，红茶主要分为小种红茶、工夫红茶和红碎茶三类。红茶属全发酵茶，干茶色泽乌润，汤色红亮，滋味甘醇，茶性温和，其品质特征为“红汤红叶”。加工工艺分为萎凋、揉捻、发酵、干燥。我国名优红茶主要有：正山小种、祁门红茶、云南滇红、福建闽红、CTC红碎茶等。我国最有名的红茶当数祁门红茶和正山小种。祁红工夫茶条索紧秀，锋苗好，色泽乌黑泛灰光，俗称“宝光”，内质香气浓郁高长，似蜜糖香，又蕴藏有兰花香，汤色红艳，滋味醇厚，回味隽永，叶底嫩软红亮。正山小种茶外形紧结匀整，色泽乌润，有天然花香，香气细而含蓄，味醇厚甘爽，喉韵明显，汤色橙黄清明，叶底欠匀整，略带桂圆味。红茶冲泡方法主要有清饮壶泡法和调饮壶泡法两种。我国大多数地方常用的是清饮壶泡法。红茶兼容性强，与柠檬、牛奶、蜂蜜、白兰地、菊花等调饮别具风味。欧美人常在下午品饮加牛奶或糖的调饮红茶，配上精美茶点，形成独特的“下午茶”文化。

准备工作

茶艺师在冲泡红茶前，要做好一系列的准备工作，大体包括以下几个方面。

茶叶质量检查

以正山小种为例，要求干茶外形条索紧细匀整，色泽乌润，香气高长略带松烟香；茶叶干燥，包装密封性好。

备器

冲泡红茶需要的茶叶及茶具有：名优红茶（如正山小种、祁门红茶）5 g、竹制（或木制）茶船（或水盂）、小型白瓷刻花茶壶（紫砂壶、瓷盖碗、玻璃壶亦可）一只、白瓷杯、玻璃公道杯、茶叶罐、白瓷茶荷、茶道组、随手泡（煮水器）、茶巾、茶滤、杯托。将准备好的茶壶、茶杯呈弧形或直线形整齐摆放在茶盘上，摆放时既要美观又要便于取用。如图 18.1 所示。

煮水候汤

冲泡红茶要求水温在 90 ℃以上，应使用随手泡（煮水器）将水烧开调至保温备用。

温杯洁具

冲泡名优红茶要求选用洁白、细腻、精美的白瓷小壶（紫砂壶、瓷盖碗、玻璃壶亦可）及白瓷杯，冲泡前应先用沸水烫洗茶壶、茶杯，以利于提高壶和杯的温度及鉴赏汤色。如图 18.2 ~图 18.4 所示。

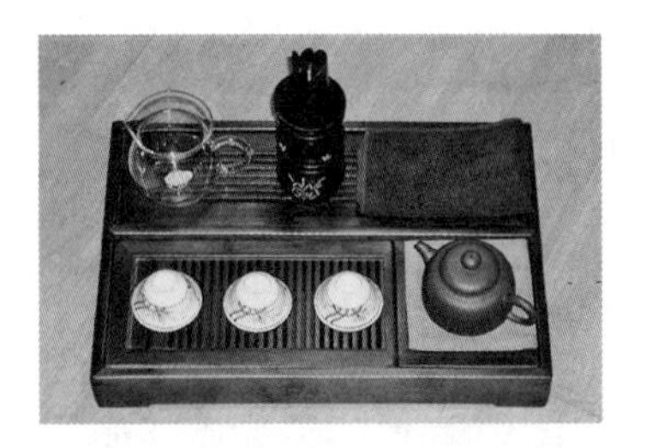

图 18.1　红茶备器

图 18.2　白瓷茶壶及茶杯

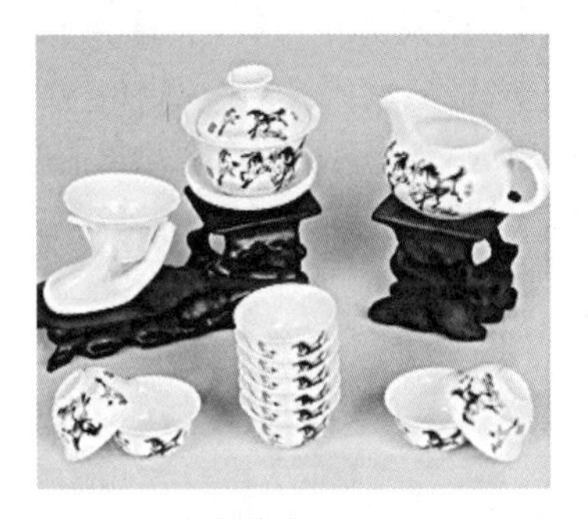

图 18.3　白瓷盖碗

图 18.4　玻璃茶具

茶叶冲泡——红茶冲泡

操作技能

所需物品

- 白瓷小壶、白瓷品茗杯（调饮红茶可选用带柄的白瓷杯或玻璃茶杯）、玻璃提梁壶、随手泡（煮水器）、茶叶罐、茶荷、茶道组、茶巾、玻璃公道壶、茶滤、盖置、茶船（或水盂）、杯托、柠檬或牛奶（用于调饮）、茶席用品（如桌布、席垫、摆件、配饰、茶点等）。以上所有物品可根据茶席设计主题进行适当选择搭配。

基本手法与姿势

- 冲泡时，茶艺师坐在茶桌一侧，与宾客面对面。
- 面带微笑，表情自然；着装整洁、素雅（一般要求穿茶馆工作装或旗袍）；举止端庄、文雅，上身挺直，双腿并拢正坐或双腿向一侧斜坐。
- 右手在上，双手虎口相握呈“八”字形，平放于茶巾上。
- 双手向前捧取茶叶罐、茶道组、花瓶等立放物品。掌心相对捧住物品基部平移至需要位置，轻轻放下后双手收回。
- 提壶手势是右手拇指、中指钩握住壶把两侧，食指前伸点按住壶钮（以露出壶钮气孔为宜），其余手指收拢并抵住中指，抬腕提壶。
- 高冲水的手势是左手平放在茶巾上，右手四指与拇指分别握住开水壶壶把两侧，将开水壶提高后向下倾斜 45° 使开水均匀注入瓷壶内，当开水注入瓷壶 1/2 容量时慢慢降低提壶高度，回旋低斟，用于温壶。
- 温壶的手势是左手拇指、食指、中指按住瓷壶钮，揭开瓷壶盖，将茶壶盖放在茶船内（茶壶左侧），右手持提壶按逆时针方向沿壶口低斟注水至瓷壶容量的 1/2 并及时断水，将提壶轻放回原处。右手提茶壶按顺时针方向轻轻旋转手腕，使壶身充分受热后将瓷壶内热水倒入放有茶滤的公道壶，用于洗杯。
- 洗杯的手势是将白瓷品茗杯依次相连摆放成“一”字或弧形，右手握公道壶以巡回法向杯内注入开水，由外向内双手同时端起茶杯轻轻旋转后将水倒入茶船或水盂。

基本要求

- 选用质地细腻、洁白的白瓷茶壶和白瓷盖碗（调饮用有柄瓷杯），以利于热水保温和鉴赏红茶汤色。福建闽红，如正山小种、坦洋工夫红茶或滇红也可选用紫砂壶冲泡。

- 根据红茶主题设计茶席，按照茶席空间结构摆好茶具和辅助用具。如图 18.5 所示。

图 18.5　茶席设计

- 冲泡前先检查茶具数量、质量，用正确手法烫洗茶壶、茶杯，起到温杯洁具的作用。
- 用 95 ~ 100 ℃热水冲泡红茶利于茶叶散发纯正香气、体现甘醇滋味。
- 瓷壶投茶量为 3 ~ 5 g，紫砂壶投茶量约为茶壶容量的 1/3，冲泡后在 1 ~ 2 min 内饮用为好，时间过长或过短都不利于茶香散发及茶汤滋味辨别。
- 冲泡时注意煮水器壶口不应朝向宾客，手势一般采用内旋法。
- 用白瓷壶将红茶冲泡好后，再用玻璃公道杯盛放茶汤并用巡回斟茶的手法依次注入白瓷杯。
- 斟茶量一般以七分满为宜。
- 一般红茶可续水 5 ~ 6 次，冲泡次数越多，茶叶营养物质释出越少。
- 根据品饮者喜好和季节特点，可在茶杯里放入蜂蜜、柠檬等配料，或加牛奶调饮，使红茶风味更具特色。如图 18.6、图 18.7 所示。

图 18.6　柠檬红茶

图 18.7　蜂蜜红茶

用水要求

- 茶艺泡茶用水一般首选山泉水或矿泉水，其次是洁净的溪水、江水，远离污染的深层地下井水亦可，水中钙镁离子含量每升小于 8 mg，即软水。软水冲泡有利于茶汤滋味甘醇，汤色清澈透明。选好洁净的泡茶用水备用。

- 水温要求：红茶（如祁门红茶、正山小种等）用 95 ℃以上水温的山泉水或地下水或洁净的溪水、江水；武夷山的金骏眉、银骏眉等用 90 ℃左右的水冲泡，因为茶叶为野生茶芽尖精制而成。
- 茶水比例：根据宾客喜好和茶壶容量，一般每壶投茶 3 ~ 5 g，冲入沸水 150 ~ 250 ml，茶与水比为 1∶50。

瓷壶冲泡红茶基本程序

- 备器：准备好冲泡红茶需要的茶具和辅助用具。
- 茶席：根据红茶主题设计茶席，按照茶席空间结构摆好茶具和辅助用具。
- 赏茶：用茶匙将茶叶罐中的红茶轻轻拨入茶荷，供宾客观赏。
- 温壶：白瓷杯依次排列，并向瓷壶内注入 1/2 容量的开水，轻轻摇晃瓷壶或盖碗，充分预热后将热水倒入水盂或茶船。
- 置茶：用茶匙将茶荷中的红茶轻轻拨入白瓷茶壶或盖碗中，投茶量为 3 ~ 5 g。
- 温润泡：为了唤醒茶叶的香气和滋味，用内旋法将开水壶中的开水沿壶或盖碗内壁三点钟方向慢慢注入，使茶叶翻滚，直至浸没茶叶或至碗口，再迅速将润茶的茶水倒出。冲泡小种红茶、黑茶常用此法润茶。因地区习俗和茶叶品质不同，工夫红茶只需浸润茶叶 30 s 后再直接冲泡。
- 冲泡：用“悬壶高冲”法向瓷壶注入开水，使茶叶上下翻滚，开水应注满瓷壶至壶口，用“春风拂面”的手法轻轻刮去茶汤表面的泡沫，使茶汤清澈洁净。
- 分茶：瓷壶或盖碗中的茶汤泡好后倒入有茶滤的玻璃公道壶中，再将公道壶中的茶汤依次巡回斟入白瓷杯至七分满，双手端起白瓷杯放入杯托。
- 奉茶：双手端起杯托，将泡好的红茶奉送到宾客面前，做出“请”的手势，邀请宾客品饮。

瓷壶冲泡红茶清饮基本操作规范（表 18.1）

表 18.1　瓷壶冲泡红茶清饮基本操作规范

程序	操作规范
备器、赏茶	1. 净手并检查茶具及茶叶质量 2. 按照茶席设计的空间结构摆好红茶茶具和辅助用具 3. 双手捧取茶叶罐，用茶匙将茶叶轻轻拨入茶荷 4. 双手捧起茶荷，邀请来宾观赏干茶，并向来宾介绍红茶名称及特性
洁具、投茶	5. 右手提开水壶向瓷壶中注入约 1/2 容量的开水烫洗茶壶 6. 将瓷壶中的开水倒入公道壶，用于洗杯，再倒入水盂 7. 用茶匙将茶荷中的茶叶轻轻拨入白瓷壶中

续表

程序	操作规范
温润泡	8. 右手提壶用内旋法向瓷壶中注入开水至浸没茶叶或超过一点，轻轻摇晃茶壶后迅速将热水倒入水盂
高冲水	9. 右手提壶用“悬壶高冲”法逆时针向瓷壶缓缓注入至壶口，用壶盖轻轻刮去茶汤表面的泡沫，加盖静置 1 ~ 2 min
分茶	10. 瓷壶中的茶汤泡好后，倒入有茶滤的玻璃公道壶中，再将公道壶中的茶汤依次巡回斟入白瓷杯至七分满，再放入杯托
奉茶	11. 双手端起杯托，向宾客行点头礼，将泡好的红茶奉送到宾客面前，轻放在茶桌上，右手掌心向上，做出“请”的手势，邀请宾客品饮
观赏汤色	12. 左手托住杯托，右手用“三龙护鼎”的手法拿起茶杯观察红茶红亮艳丽的汤色
品饮	13. 品饮前先细闻杯中甜润的茶香，再小口品啜，慢慢回味
谢客	14. 为宾客及时续水，整理茶具，向宾客致谢

注：盖碗、紫砂壶也可用此法进行冲泡。

瓷壶冲泡红茶调饮基本操作规范（表 18.2）

表 18.2　瓷壶冲泡红茶调饮基本操作规范

程序	操作规范
备器、赏茶	1. 净手并检查盖碗茶具及茶叶质量；准备好调饮红茶的配料（如柠檬、牛奶） 2. 按规范将茶具“一”字或弧形排开，整齐摆放在茶船上 3. 双手捧取茶叶罐用茶匙将茶叶轻轻拨入茶荷 4. 双手捧起茶荷，邀请来宾欣赏茶叶外形并向来宾介绍茶叶名称及特性
洁具、投茶	5. 右手提开水壶向瓷壶中注入约 1/2 容量的开水烫洗茶壶 6. 将瓷壶中的热水倒入公道壶，用于洗杯，再倒入水盂 7. 用茶匙将茶荷中的茶叶轻轻拨入白瓷壶中
温润泡	8. 右手提壶用内旋法向瓷壶中注满开水轻轻摇晃茶壶后迅速将热水倒入水盂
高冲水	9. 右手提壶用“悬壶高冲”法逆时针向瓷壶中缓缓注入开水至壶口，用壶盖轻轻刮去茶汤表面的泡沫，加盖静置 1 ~ 2 min
分茶	10. 瓷壶中的茶汤泡好后倒入有茶滤的玻璃公道壶中，再将公道壶中的茶汤依次巡回斟入瓷杯至七分满，再分别放入杯托
调饮	11. 根据季节或宾客口味依次向每杯茶汤里加入柠檬或牛奶（夏季亦可加冰块和蜂蜜）并用茶匙轻轻搅拌使其融合
奉茶	12. 双手端起杯托，向宾客行点头礼，将泡好的红茶奉送到宾客面前，轻放在茶桌上，右手掌心向上，做出“请”的手势，邀请宾客品饮
品饮	13. 品饮前先细闻杯中甜润的茶香，再小口品啜，慢慢品味
谢客	14. 为宾客及时续水，整理茶具，向宾客致谢

赛证直通

基础知识部分

选择题

1. “玉泉催花”是宁红太子茶艺（　　）的雅称。
   A. 洗器　　B. 献茶　　C. 烧水　　D. 高冲
2. 条形紧秀，锋苗好，色泽具有“宝光”是（　　）的品质特点。
   A. 太平猴魁　　B. 祁门红茶　　C. 安溪铁观音　　D. 云南普洱茶
3. 正山小种红茶宜用（　　）水温的水冲泡。
   A. 90 ℃　　B. 85 ℃　　C. 100 ℃　　D. 以上都可以
4. 冲泡工夫红茶用（　　）最适合。
   A. 直身杯　　B. 玻璃壶
   C. 紫砂壶或白瓷盖碗　　D. 以上都可以

简答题

1. 冲泡红茶的准备工作主要包括哪几个方面？
2. 冲泡正山小种红茶的水温一般是多少？
3. 如何用瓷壶冲泡调饮柠檬或牛奶红茶？

操作技能部分

内容（表 18.3）

表 18.3　操作技能考核内容

考核项目	考核标准
备器洁具	准确掌握瓷壶温壶方法。要求动作规范、熟练
瓷壶冲泡红茶	准确掌握用瓷壶冲泡红茶的方法。要求动作规范、熟练；时间把握准确
瓷壶冲泡调饮红茶	准确掌握用瓷壶冲泡调饮红茶的方法。要求动作规范、熟练；时间把握准确

方式

- 实训室操作白瓷壶或玻璃壶冲泡红茶的流程。

第十九专题 乌龙茶冲泡

学习目标

- 知识目标：了解乌龙茶的种类，掌握乌龙茶冲泡基本流程和一般技法。
- 能力目标：熟练掌握用紫砂壶和盖碗冲泡乌龙茶的基本方法；具备中高级茶艺师茶艺服务能力和操作技能。
- 素养目标：培养对传统乌龙茶茶艺待客礼仪的认知和工夫茶茶艺审美。

基础知识

乌龙茶属于半发酵类茶。在我国，乌龙茶主要有闽北乌龙、闽南乌龙、广东乌龙和台湾乌龙四大类。乌龙茶干茶色泽青褐，油润有光；汤色橙黄（琥珀色），香高浓郁，滋味醇厚；叶底三分红七分绿，俗称“绿叶红镶边”。乌龙茶加工工序分为萎凋、摇青、杀青、揉捻、干燥等。我国乌龙茶名优品种主要有：福建安溪铁观音、福建武夷岩茶、广东凤凰单丛、台湾冻顶乌龙等。冲泡乌龙茶的方式有紫砂壶冲泡和盖碗冲泡。在我国广东、福建一带，盛行用随手泡（煮水器）、紫砂壶、公道杯、若琛杯冲泡乌龙茶，称为工夫乌龙茶。其中，生长在福建武夷山的大红袍久负盛名，是乌龙茶中的极品，2006年被中国国家博物馆收藏。同年，武夷岩茶（大红袍）传统制作技艺被列入首批国家级非物质文化遗产名录。大红袍制作技艺源于明末，成于清初，共有十多道工序，即采摘、萎凋、做青、双炒双揉、初焙、扬簸晾索及拣剔、复焙、团包和补火等。精湛的加工工艺、优良的茶树品种及独具特色的生态环境造就了武夷岩茶（大红袍）“岩骨花香”的独特魅力。

准备工作

茶艺师在冲泡乌龙茶前，要做好一系列的准备工作，这些工作大体包括以下几个方面。

茶叶质量检查

以福建武夷山大红袍为例，干茶外形紧结呈条索状，色泽青褐、油润，有“宝光”，叶面有沙粒白点，俗称“蛤蟆背”。大红袍具有浓郁的天然花香，香气馥郁持久；茶叶干燥，无异味，包装密封性好。

备器

冲泡乌龙茶需要的茶叶及茶具有：名优乌龙茶（如大红袍或铁观音）8 g、竹制（或木制）茶盘、小型紫砂壶（或白瓷刻花茶壶）一只、紫砂或白瓷公道杯、茶叶罐、白瓷茶荷、茶道组、随手泡（煮水器）、水盂、茶巾。将准备好的茶壶、茶杯呈弧形或直线形整齐摆放在茶盘上，摆放时既要美观又要便于取用。

煮水候汤

冲泡乌龙茶要求水温在 100 ℃，应使用随手泡或潮汕泥炉将山泉水烧沸备用。

温杯洁具

冲泡名优乌龙茶要求选用小巧精美的紫砂壶（白瓷壶亦可）、紫砂品茗杯或白瓷小茶杯，冲泡前应先用沸水烫洗茶壶、茶杯，这样有利于提高壶和杯的温度及清洁器具。如图 19.1、图 19.2 所示。

图 19.1　紫砂壶

图 19.2　闻香杯与品茗杯

操作技能

茶叶冲泡——乌龙茶冲泡

所需物品

紫砂壶、公道杯、紫砂品茗杯、闻香杯、随手泡（煮水器）、茶叶罐、茶荷、茶道组、水盂、茶巾、滤网、盖置、茶盘、茶托。

基本手法与姿势

- 冲泡时，茶艺师坐在茶桌一侧，与宾客面对面。
- 面带微笑，表情自然；着装整洁、素雅（一般要求穿茶馆工作装或旗袍）；举止端庄、文雅，上身挺直，双腿并拢正坐或双腿向一侧斜坐。
- 右手在上，双手虎口相握呈“八”字形，平放于茶巾上。
- 双手向前捧取茶叶罐、茶道组、花瓶等立放物品。掌心相对捧住物品基部平移至需要位置，轻轻放下后双手收回。
- 提壶手势是右手拇指、中指握住壶把两侧，食指前伸点按住壶钮（以露出壶钮气孔为宜），其余手指收拢并抵住中指，抬腕提壶。
- 高冲水的手势是左手平放在茶巾上，右手四指与拇指分别握住开水壶壶把两侧，将开水壶提高后向下倾斜 45° 使开水均匀注入茶壶内，当开水注入壶内 1/3 容量时，慢慢降低提壶高度，回旋低斟，用于温壶；若连续三次上下提壶注水即为“凤凰三点头”，用于正式冲泡。
- 温壶的手势是左手拇指、食指、中指按住壶钮，揭开壶盖，将茶壶盖放在茶盘内茶壶左侧，盖置上，右手提随手泡按逆时针方向沿壶口低斟注水至茶壶容量的 1/2 及时断水，将随手泡轻轻放回原处，加盖。右手提壶按逆时针方向轻轻旋转手腕，使壶身充分预热后将瓷壶内热水倒入水盂或茶盘。
- 洗杯的方法除前面介绍的两种方法以外，还可以与闻香杯组合同时洗杯。基本手法是将紫砂品茗杯、闻香杯依次相连摆放成“一”字或弧形，用头道冲出的茶汤巡回斟入闻香杯，双手拿起闻香杯，由内向外轻轻旋转后将闻香杯倒置在品茗杯上，再次转动闻香杯身，取出闻香杯，再用双手内旋法洗品茗杯，最后将杯中剩水倒入水盂或茶盘。

基本要求

- 冲泡乌龙茶宜选用质地细腻的朱泥或紫泥紫砂茶壶和紫砂品茗杯、闻香杯。紫砂壶耐高温，有利于茶水保温和蕴香。
- 冲泡前先检查茶具数量、质量，用正确手法烫洗茶壶和茶杯，起到温杯洁具的作用。
- 用 100 ℃开水冲泡乌龙茶利于茶叶香气纯正，滋味醇厚。
- 紫砂壶投茶量一般为 6 ~ 8 g。冲泡乌龙茶时，投茶量约为茶壶容积的 1/3，头道茶汤迅速倒入公道杯，用于洗杯，再用悬壶高冲的方法冲水入壶，并用开水浇淋壶身。
- 第一泡茶汤应浸泡约 1 min 方可斟茶，并在 3 ~ 5 min 内饮用，时间过长或过短都不利于茶香散发及茶汤滋味辨别。
- 将乌龙茶冲泡好后，再用公道杯盛放茶汤并用巡回斟茶的手法依次注入闻香杯，并将品茗杯倒扣在闻香杯上。翻转闻香杯并置于茶托上。
- 斟茶量一般以七分满为宜。
- 一般乌龙茶可续水 6 ~ 8 次。冲泡次数越多，茶叶营养物质浸出越少，每泡茶闷茶时间应比前一次延长 15 s。

- 品饮者可先观汤色再闻茶香，然后小口品啜。

用水要求

- 泡茶用水一般以山泉水或矿泉水为上，其次是洁净的溪水、江水。山泉水有助于茶汤滋味爽滑和茶香散发。
- 水温要求：乌龙茶属于半发酵茶，冲泡时宜用 100 ℃水温的山泉水。
- 茶水比例：一般每壶投茶 6 ~ 8 g（约占茶壶容积的 1/3），冲入沸水 120 ~ 150 ml，茶与水比为 1 ∶ 20。

紫砂壶冲泡乌龙茶的基本程序

- 备器：准备好冲泡乌龙茶使用的茶具和辅助用具。
- 赏茶：用茶匙将茶叶罐中的乌龙茶叶轻轻拨入茶荷，并请宾客观赏。
- 温壶：品茗杯依次排列并向紫砂壶内注入 1/2 容量的开水，轻轻摇晃紫砂壶，充分预热后将热水倒入水盂或茶盘。
- 置茶：用茶匙将茶荷中的乌龙茶轻轻拨入紫砂壶中，投茶量为 6 ~ 8 g（约占茶壶容积的 1/3）。
- 温润泡：在 15 s 内用内旋法将开水壶中的开水沿茶壶内壁三点钟方向慢慢注入茶壶至壶口，并迅速将茶汤倒入公道杯中用于洗杯。
- 冲泡：用"凤凰三点头"方法提壶高冲水，使茶叶上下翻滚，开水应注满茶壶至壶口，用"春风拂面"的手法轻轻刮去茶汤表面的泡沫，使茶汤清澈洁净。
- 淋壶：加盖后再用开水浇淋茶壶的外表，这样内外加温有利于茶香的散发。如图 19.3 所示。
- 分茶、点茶：紫砂壶中的茶汤泡好后倒入有滤网的公道杯中，再将公道杯中的茶汤依次巡回斟入品茗杯，茶汤所剩不多时改为点斟，如图 19.4 所示。斟茶至七分满后，将品茗杯放入杯托。

图 19.3 淋壶

图 19.4 分茶

- 奉茶：双手端起杯托，向宾客行点头礼，将泡好的乌龙茶奉送到宾客面前，轻放在茶桌上，右手掌心向上，做出“请”的手势，请来宾用茶。
- 观色：右手用“三龙护鼎”的手法拿起茶杯，仔细观看乌龙茶清澈艳丽的琥珀色茶汤。
- 品饮：品饮前先细闻杯中浓郁的茶香，再小口品啜，慢慢回味。

紫砂壶冲泡乌龙茶基本操作规范（表 19.1）

表 19.1　紫砂壶冲泡乌龙茶基本操作规范

程序	操作规范
备器、赏茶	1. 净手并检查茶具及茶叶质量 2. 按规范将茶具“一”字或弧形排开，整齐摆放在茶盘上 3. 双手捧取茶叶罐，用茶匙将茶叶轻轻拨入茶荷 4. 双手捧起茶荷，邀请来宾观赏干茶，并向来宾介绍乌龙茶名称及特性
洁具、投茶	5. 右手提开水壶向紫砂壶中注入约 1/2 容量的开水烫洗茶壶 6. 将紫砂壶中的开水倒入水盂或茶盘 7. 用茶匙将茶荷中的茶叶轻轻拨入紫砂壶中
温润泡	8. 右手提壶，用内旋法在 15 s 内向紫砂壶中注满开水，轻轻摇晃茶壶后迅速将头道茶汤倒入公道杯用来洗杯
高冲水、淋壶	9. 右手提壶高冲，再用“凤凰三点头”手法逆时针向紫砂壶中缓缓注入开水至壶口，用壶盖轻轻刮去茶汤表面泡沫，加盖后再用开水浇淋茶壶的外表，使茶壶内外加温，静置约 1 min
分茶、点茶	10. 紫砂壶中的茶汤泡好后倒入有滤网的公道杯中，再将公道杯中的茶汤依次巡回斟入品茗杯，茶汤所剩不多时改为点斟，斟茶至七分满后，将品茗杯放入杯托
奉茶	11. 双手端起杯托，向宾客行点头礼，将泡好的乌龙茶奉送到宾客面前，轻放在茶桌上，右手掌心向上，做出“请”的手势，请来宾用茶
观色	12. 右手用“三龙护鼎”的手法端起茶杯，并仔细观看乌龙茶清澈艳丽的汤色
品饮	13. 品饮前先细闻杯中浓郁的茶香，再小口品啜，慢慢回味
谢客	14. 为宾客及时续水，整理茶具，向宾客致谢

盖碗冲泡乌龙茶基本操作规范（表 19.2）

表 19.2　盖碗冲泡乌龙茶基本操作规范

程序	操作规范
备器、赏茶	1. 净手并检查盖碗茶具及茶叶质量 2. 按规范将茶具“一”字或弧形排开，整齐摆放在茶盘上 3. 双手捧取茶叶罐，用茶匙将茶叶轻轻拨入茶荷 4. 双手捧起茶荷，邀请来宾欣赏茶叶外形，并向来宾介绍茶叶名称及特性
洁具、投茶	5. 右手提开水壶，向盖碗中注入约 1/3 容量的开水烫洗盖碗 6. 将盖碗中的开水倒入水盂或茶盘 7. 用茶匙将茶荷中的茶叶轻轻拨入盖碗
温润泡	8. 右手提壶，用内旋法向盖碗中注满开水，加盖后迅速将头道茶汤倒入公道杯用来洗杯
高冲水	9. 右手提壶，用悬壶高冲的手法逆时针向盖碗中缓缓注入开水至碗口，用碗盖轻轻刮去茶汤表面泡沫，加盖静置 1 min
分茶	10. 茶汤泡好后倒入有滤网的公道杯中，再将公道杯中的茶汤依次巡回斟入品茗杯至七分满
奉茶	11. 双手端起杯托，向宾客行点头礼，将泡好的乌龙茶奉送到宾客面前，轻放在茶桌上，右手掌心向上，做出“请”的手势，请来宾品茶
品饮	12. 品饮前先细闻杯中甜润的茶香，再小口品啜，慢慢回味
谢客	13. 为宾客及时续水，整理茶具，向宾客致谢

赛证直通

基础知识部分

选择题

1. 下列与乌龙茶冲泡通过“温润泡”这道程序的作用无关的是（　　）。
   A. 增进茶汤浓度　　B. 提高茶叶香气
   C. 卫生干净　　D. 浸泡时间缩短
2. 乌龙茶的茶水比例是（　　）。
   A. 1∶10　　B. 1∶20　　C. 1∶50　　D. 1∶60
3. 冲泡乌龙茶有一定的要领，应讲究（　　）。
   A. 高冲水，低斟茶　　B. 高冲水，高斟茶
   C. 低冲水，低斟茶　　D. 高冲水，高斟茶
4. 乌龙茶品饮时，第（　　）道主要闻茶的火工香和茶香的纯度。
   A. 一　　B. 二　　C. 三　　D. 四

判断题

泡饮乌龙茶宜用“一沸”的水冲泡。 (　　)

简答题

1. 冲泡乌龙茶的准备工作主要包括哪几个方面?
2. 冲泡乌龙茶的水温是多少?
3. 如何用紫砂壶冲泡大红袍?

操作技能部分

内容（表 19.3）

表 19.3　操作技能考核内容

考核项目	考核标准
备器洁具	准确掌握紫砂壶温壶方法。要求动作规范、熟练
紫砂壶冲泡乌龙茶	准确掌握用紫砂壶冲泡乌龙茶的方法。要求动作规范、熟练；时间把握准确
盖碗冲泡乌龙茶	准确掌握用盖碗冲泡乌龙茶的方法。要求动作规范、熟练；时间把握准确

方式

- 实训室操作盖碗和紫砂壶冲泡乌龙茶的流程。

第二十专题
白茶冲泡

学习目标

- 知识目标：了解白茶冲泡基本流程和一般技法。
- 能力目标：熟练掌握用玻璃杯冲泡白茶的基本方法；具备中高级茶艺师茶艺服务能力和操作技能。
- 素养目标：培养对白茶养生理念的认识及对白茶茶艺中的自然生态观的认同。

基础知识

白茶是我国特有的茶类。白茶性寒，最易于降火，自古以来一直被用作“药茶”。白茶属微发酵茶，干茶呈银白隐绿，白毫满披；茶汤呈浅杏色，清澈明亮，香气清鲜，滋味醇和微甜，叶底银白。我国名优白茶主要有：福建白毫银针、福建白牡丹、福建雪芽、福建贡眉。冲泡白茶的茶具主要是玻璃杯（图 20.1），也可使用白瓷盖碗（图 20.2）和白瓷壶。白毫银针的产地为福建省福鼎市、政和县。白毫银针茶香气清鲜，滋味醇和，杯中“满盏浮花乳，芽芽挺立”的景观更是妙趣横生。

图 20.1　适宜于冲泡白茶的玻璃茶具

图 20.2　适宜于冲泡白茶的白瓷盖碗

准备工作

茶艺师在冲泡白茶前，要做好一系列的准备工作，大体包括以下几个方面。

茶叶质量检查

- 以白毫银针为例，干茶为针形，白毫满披，银绿隐翠，芽针挺直、匀整，香气清鲜；茶叶干燥、无异味，包装密封性好。

备器

- 冲泡白茶需要的茶叶及茶具有：名优白茶（如白毫银针）8 g、竹制（或木制）茶盘、无色透明中型玻璃茶杯 3 只、茶叶罐、白瓷茶荷、茶匙、玻璃提梁壶、随手泡（煮水器）、水盂、茶巾。将准备好的玻璃茶杯整齐摆放在茶盘上，摆放时既要美观又要便于取用。

煮水候汤

- 白茶属于微发酵茶，由于银针类的白芽茶茶叶极其细嫩，冲泡的水温以 75 ~ 80 ℃为宜，将水烧好再注入玻璃壶中凉汤备用。

温杯洁具

- 冲泡名优白茶要求选用完好、无色、无花纹的透明中型玻璃杯，也可选用白瓷盖碗或白瓷壶，冲泡前应先用热水烫洗杯具，有利于提高杯温和鉴赏汤色。

操作技能

茶叶冲泡——白茶冲泡

所需物品

- 玻璃杯、玻璃提梁壶、随手泡（煮水器）、水盂、名优白茶 8 g、茶叶罐、茶荷、茶匙、茶巾、茶盘。

基本手法与姿势

- 冲泡时，茶艺师坐在茶桌一侧，与宾客面对面。
- 面带微笑，表情自然；着装整洁、素雅（一般要求穿茶馆工作装或旗袍）；举止端庄、文雅，上身挺直，双腿并拢正坐或双腿向一侧斜坐。
- 右手在上，双手虎口相握呈“八”字形，平放于茶巾上。
- 双手向前合抱捧取茶叶罐、茶道组、花瓶等立放物品。掌心相对捧住物品基部平移至需要位置，轻轻放下后双手收回。

- 握杯手势是右手虎口分开，握住茶杯基部，女士可微翘起兰花指，再用左手指尖轻托杯底。
- 高冲水的基本手法与冲泡绿茶相同。

基本要求

- 选用无色透明玻璃杯可以观赏白茶芽叶成朵的优美形态和清澈、浅杏色的茶汤。
- 冲泡前先检查茶具数量、质量，并用开水烫洗茶杯，起到温杯洁具的作用。
- 用 75 ~ 80 ℃水冲泡名优白茶，有利于茶汤香气纯正，滋味清鲜、醇和。
- 每杯投茶量为 2 g，冲泡后在 5 ~ 8 min 内饮用为好，时间过长或过短都不利于茶香散发、茶汤滋味辨别。
- 玻璃杯冲泡白茶适用“上投法”的置茶方法（如白毫银针）；盖碗冲泡白牡丹适用“下投法”。
- 冲泡白茶注水量一般以七分满为宜。加盖后静置 5 min 方可品饮。
- 一般白茶可续水 3 ~ 4 次，冲泡次数越多，茶叶营养物质释出越少，应相应延长茶叶浸泡时间。
- 饼状的老白茶适合用玻璃壶或陶壶（砂铫）煮饮，滋味浓醇，具有老白茶特有的蜜香、陈香、药香。

用水要求

- 茶艺泡茶用水一般以山泉水或矿泉水为上，其次是洁净的溪水、江水。
- 水温要求：名优白茶（如白毫银针、白牡丹等）宜用 75 ~ 80 ℃水温的初沸泉水。
- 茶水比例：一般每杯投茶 2 g，冲入沸水 100 ml，茶与水比为 1∶50。饼状或块状白茶的投茶数量因人数而定，一般 3 ~ 5 g 为宜。

玻璃杯冲泡白茶及煮茶基本程序

- 备器：准备好冲泡白茶使用的茶具和辅助用具。
- 赏茶：用茶匙将茶叶罐中白茶轻轻拨入茶荷供宾客观赏。
- 洁具：玻璃杯依次排开，注入 1/3 杯开水，逐一旋转杯身温杯洗杯，左手轻托杯底，右手滚动杯身将开水倒入水盂。
- 置茶：用茶匙将茶荷中白茶轻轻拨入玻璃杯中，每杯 2 g 茶叶。
- 温润泡：在 15 s 内用内旋法将玻璃提梁壶中开水沿玻璃杯内壁慢慢注入杯子至 1/3 容量。

- 冲泡：用“凤凰三点头”方法提壶高冲，使茶叶上下翻滚，开水应注入至七分满。
- 奉茶：右手轻握杯身，左手托杯底，双手将茶奉送到宾客面前，做出“请”的手势，请客人用茶。
- 煮茶：将壶中泉水烧沸至 80 ℃，再将拆开的白茶茶饼（块）投入壶中，盖上壶盖，继续加热，待水沸腾烧至 100 ℃可适当延长煮茶时间 3 ～ 5 min，待茶块充分解开，壶中茶汤颜色至橙黄或黄棕色，茶香四溢即可倒入品茗杯中品饮。

玻璃杯冲泡白毫银针基本操作规范（表 20.1）

表 20.1　玻璃杯冲泡白毫银针基本操作规范

程序	操作规范
备器、赏茶	1. 净手并检查玻璃茶具及茶叶质量 2. 按规范将茶具“一”字或弧形排开，整齐摆放在茶盘上 3. 双手捧取茶叶罐，用茶匙将茶叶轻轻拨入茶荷 4. 双手捧握茶荷向来宾介绍茶叶类别名称及特性，邀请来宾欣赏
洁具、投茶	5. 右手提壶向玻璃杯中注入 1/3 容量的开水烫洗茶杯 6. 将玻璃杯中的开水依次倒入水盂中 7. 将茶荷中的茶叶用茶匙依次轻轻拨入玻璃杯中
温润泡	8. 右手提壶，用内旋法向玻璃杯中注入 1/3 容量的开水
高冲水	9. 右手提壶悬壶高冲，用“凤凰三点头”法逆时针向杯中缓缓注入开水至七分满
奉茶	10. 右手轻握杯身，左手托杯底，双手将茶奉送到宾客面前，向宾客行点头礼，将茶杯平放在茶桌上，右手掌心向上，做出“请”的手势，请来宾用茶
赏茶舞	11. 右手握住玻璃杯，左手轻托杯底端至茶艺师面前，透过光线欣赏玻璃杯中白毫银针上下起伏的优美情景
品饮	12. 品饮前先细细闻一下杯中清幽的茶香，再小口品啜，慢慢回味
谢客	13. 为宾客及时续水，整理茶具，向宾客致谢

注：若选用盖碗冲泡白茶，其方法与用盖碗冲泡绿茶基本相同（注意水温与投茶量）。

赛证直通

基础知识部分

选择题

冲泡细嫩名优白茶水温要求达到（　　）。

A. 75 ～ 80 ℃　　B. 80 ～ 85 ℃　　C. 85 ～ 90 ℃　　D. 90 ～ 95 ℃

判断题

1. 白茶冲泡的主要器具，有无刻花直筒形透明玻璃杯、杯托、水盂、茶匙、茶荷、烧水炉具等。 (　　)
2. 白茶冲泡时，泡茶用高冲法，按同一方向冲入开水 100 ~ 120 ml，一般七八成满为宜。 (　　)
3. 白茶素有“一年茶、三年药、十年宝”之说。 (　　)

简答题

1. 冲泡白茶的准备工作主要包括哪几个方面？
2. 冲泡名优白茶适宜的水温是多少？
3. 如何用玻璃杯冲泡白毫银针？

操作技能部分

内容（表 20.2）

表 20.2　操作技能考核内容

考核项目	考核标准
备器洁具	准确掌握玻璃杯温杯方法。要求动作规范、熟练
玻璃杯冲泡白茶	准确掌握用玻璃杯冲泡白茶的方法。要求动作规范、熟练；时间把握准确
盖碗冲泡白茶	准确掌握用盖碗冲泡白茶的方法。要求动作规范、熟练；时间把握准确

方式

- 实训室操作玻璃杯或瓷壶冲泡白茶的流程。

第二十一专题
黄茶冲泡

学习目标

- 知识目标：了解黄茶冲泡基本流程和一般技法。
- 能力目标：熟练掌握玻璃杯冲泡黄茶的基本方法；具备中高级茶艺师茶艺服务能力和操作技能。
- 素养目标：培养在冲泡黄茶时对地方民俗文化的理解和对黄茶茶艺独特的审美能力。

基础知识

黄茶属轻度发酵茶，干茶芽头茁壮、多毫、紧实，颜色金黄鲜润，白毫满披者为优，茶汤橙黄明亮，香气清纯，滋味醇和鲜甜，其品质特征为“黄汤黄叶”。其加工制作方法与绿茶极为近似，只是杀青后多一道闷黄工艺。按芽叶的嫩度又分为黄芽茶、黄小茶和黄大茶三类。我国名优黄茶主要有：湖南君山银针、四川蒙顶黄芽、安徽霍山黄芽等。黄茶冲泡方法主要是玻璃杯冲泡，也可用白瓷盖碗和白瓷壶冲泡。我国湖南岳阳洞庭湖的君山银针最负盛名。君山银针始于唐代，清朝时被列为“贡茶”。据《巴陵县志》记载：“君山产茶嫩绿似莲心。”冲泡后，茶芽根根竖悬于水面，徐徐下沉，再升再沉，三起三落，蔚成趣观。

准备工作

茶艺师在冲泡黄茶前，要做好一系列的相关准备工作，大体包括以下几个方面。

茶叶质量检查

以君山银针为例，干茶外形芽头茁壮显毫，紧实挺直，芽叶金黄，香气清纯；茶叶干燥，无异味，包装密封性好。

备器

冲泡黄茶需要的茶叶及茶具有：名优黄茶（如君山银针）10 g、竹制（或木制）茶盘、无色透明中型玻璃茶杯 3 只、茶叶罐、白瓷茶荷、茶匙、玻璃提梁壶、随手泡（煮水器）、水盂、茶巾。将准备好的玻璃茶杯整齐摆放在茶盘上，摆放时既要美观又要便于取用。

煮水候汤

冲泡黄茶要求水温在 70 ℃左右，应将水烧好再注入玻璃壶中凉汤备用。

温杯洁具

冲泡名优黄茶要求选用完好、无色、无花纹的透明中型玻璃杯，冲泡前应先用热水烫洗杯具，有利于提高茶杯温度和鉴赏汤色、闻香。

操作技能

茶叶冲泡——黄茶冲泡

所需物品

玻璃杯、杯托、玻璃杯盖、玻璃提梁壶、随手泡（煮水器）、水盂、名优黄茶 10 g、茶叶罐、茶荷、茶匙、茶巾、茶盘。

基本手法与姿势

- 冲泡时，茶艺师坐在茶桌一侧，与宾客面对面。
- 面带微笑，表情自然；着装整洁、素雅（一般要求穿茶馆工作装或旗袍）；举止端庄、文雅，上身挺直，双腿并拢正坐或双腿向一侧斜坐。
- 右手在上，双手虎口相握呈“八”字形，平放于茶巾上。
- 双手向前合抱捧取茶叶罐、茶道组、花瓶等立放物品。掌心相对捧住物品基部平移至需要位置，轻轻放下后双手收回。
- 握杯手势是右手虎口分开，握住茶杯基部，女士可微翘“兰花指”，再用左手指尖轻托杯底。
- 高冲水的基本手法与冲泡绿茶、白茶相同。

基本要求

- 选用无色透明玻璃杯可以欣赏黄茶冲泡全过程。

- 冲泡前先检查茶具数量、质量，并用开水烫洗茶杯，起到温杯洁具的作用。
- 用 70 ℃左右的水冲泡名优黄茶香气纯正，滋味鲜甜。
- 每杯投茶量约为 3 g，冲泡后在 10 min 内饮用为好，时间过长或过短都不利于茶香散发、茶汤滋味辨别。
- 玻璃杯冲泡黄茶适用“下投法”或“中投法”的置茶方法（如君山银针）。
- 冲泡黄茶注水量先注水到茶杯容量的 1/2，待茶芽浸润后再冲水到七分满为宜。
- 一般黄茶可续水 3 ~ 4 次。冲泡次数越多，茶叶营养物质浸出越少，应相应延长茶叶浸泡时间。

用水要求

- 茶艺泡茶用水一般以山泉水或矿泉水为上，其次是洁净的溪水、江水。
- 水温要求：冲泡名优黄茶（如君山银针、蒙顶黄芽等）用 70 ~ 80 ℃水温的初沸泉水。
- 茶水比例：一般每杯投茶 3 g，冲入沸水 150 ml，茶与水比为 1 ∶ 50。

玻璃杯冲泡名优黄茶基本程序

- 备器：准备好冲泡黄茶使用的茶具和辅助用具。
- 赏茶：用茶匙将茶叶罐中的黄茶轻轻拨入茶荷，供宾客观赏。
- 洁具：玻璃杯依次排开注入 1/3 杯开水，逐一旋转杯身温杯洗杯，左手轻托杯底，右手滚动杯身将开水倒入水盂。
- 置茶：用茶匙将茶荷中的黄茶轻轻拨入玻璃杯中，每杯 3 g 茶叶。
- 温润泡：用内旋法将玻璃提梁壶中的开水沿玻璃杯内壁 2 ~ 3 点钟方向定点注水至 1/2 的容量。用玻璃杯盖盖在茶杯上，使茶芽均匀吸水，快速下沉。
- 冲泡：用“凤凰三点头”方法提壶高冲，使茶叶上下翻滚，开水应注入至七分满。用玻璃杯盖盖在茶杯上，使茶芽均匀吸水，快速下沉。
- 奉茶：右手轻握杯身，左手托杯底，双手将茶奉送到宾客面前，做出“请”的手势，请客人用茶。

玻璃杯冲泡名优黄茶基本操作规范（表 21.1）

表 21.1 玻璃杯冲泡名优黄茶基本操作规范

程序	操作规范
备器、赏茶	1. 净手并检查玻璃茶具及茶叶质量 2. 按规范将茶具“一”字或弧形排开，整齐摆放在茶盘上 3. 双手捧取茶叶罐，用茶匙将茶叶轻轻拨入茶荷 4. 双手捧起茶荷向来宾介绍黄茶名称及特性，邀请来宾欣赏

续表

程序	操作规范
洁具、投茶	5. 右手提壶，向玻璃杯中注入 1/3 容量的开水烫洗茶杯 6. 将玻璃杯中的开水依次倒入水盂中 7. 将茶荷中的茶叶用茶匙依次轻轻拨入玻璃杯中（也可用中投法）
温润泡	8. 右手提壶用内旋法在 15 s 以内向玻璃杯中注入开水至 1/3 的容量
高冲水	9. 右手提壶悬壶高冲，用“凤凰三点头”手法逆时针向杯中缓缓注入开水至七分满。用玻璃杯盖盖在茶杯上，使茶芽均匀吸水，快速下沉，约 5 min 后去掉杯盖
奉茶	10. 右手轻握杯身，左手托杯底，双手将茶奉送到宾客面前，向宾客行点头礼，将茶杯平放在茶桌上，右手掌心向上，做出“请”的手势，请来宾品茶
赏茶	11. 右手握住玻璃杯，左手轻托杯底端至茶艺师面前，透过光线欣赏玻璃杯中茶叶根根直立、错落有致的优美景象
品饮	12. 品饮前先细闻杯中清幽的茶香，再小口品啜，慢慢回味
谢客	13. 为宾客及时续水，整理茶桌上茶具，感谢宾客光临

注：若选用盖碗冲泡黄茶，其方法与用盖碗冲泡绿茶、白茶基本相同（注意水温与投茶量）。

赛证直通

基础知识部分

选择题

1. 茶味的鲜度主要取决于（　　）。

   A. 茶黄素　　B. 氨基酸　　C. 果胶　　D. 蛋白质

2. 传统工艺的湖南名茶——沩山毛尖属于（　　）茶。

   A. 绿茶　　B. 黑茶　　C. 黄茶　　D. 红茶

判断题

1. 黄茶君山银针冲泡后，大约 10 min，就可以品饮了。（　　）
2. 君山银针冲泡温度是 70 ~ 90 ℃，冲泡茶具最好选玻璃杯，泡茶的水最好用清澈的山泉。（　　）

简答题

1. 冲泡黄茶的准备工作主要包括哪几个方面？
2. 冲泡名优黄茶水温、投茶量分别是多少？
3. 如何用玻璃杯冲泡黄茶？

操作技能部分

内容（表21.2）

表21.2 操作技能考核内容

考核项目	考核标准
备器洁具	准确掌握玻璃杯温杯方法。要求动作规范、熟练
玻璃杯冲泡黄茶	准确掌握用玻璃杯冲泡黄茶的方法。要求动作规范、熟练；时间把握准确
盖碗冲泡黄茶	熟练掌握用盖碗冲泡黄茶的方法。要求动作规范、熟练；时间把握准确

方式

- 实训室操作玻璃杯冲泡名优黄茶的流程。

第二十二专题 黑茶冲泡

学习目标

- 知识目标：了解黑茶冲泡基本流程和一般技法。
- 能力目标：熟练掌握用紫砂壶冲泡黑茶的基本方法；学会黑茶茶席主题设计；具备中高级茶艺师茶艺服务能力和操作技能。
- 素养目标：了解云南普洱茶等紧压茶在用陶壶冲泡过程中展现出的少数民族地区古老的饮茶习俗和地方茶文化魅力。

基础知识

黑茶属于后发酵茶，加工工艺特点在于渥堆工序。即在鲜叶杀青、揉捻或初步干燥后，在室温 25 ℃以上、相对湿度 85%以上的条件下，渥堆 20 小时以上，在湿热和微生物的作用下通过氧化作用令茶叶色泽变得油黑或深褐，最后再进行干燥。黑茶干茶色泽乌润，汤色红浓带棕且明亮，滋味醇厚甘滑，香气以陈香居多，叶底红褐。

黑茶多作为紧压茶原料，加工成各种砖茶。紧压茶主要供应边区少数民族，又称边销茶，著名的有：湖南产的黑砖茶、花砖茶、茯砖茶、湘尖茶；湖北的青砖茶；四川的康砖茶、金尖茶、方包茶；云南的沱茶、紧茶、七子饼茶、普洱茶砖；广西的六堡茶等。紧压茶以煮饮为主，加奶或奶制品。其特点是：耐贮藏，便于长途运输。茶叶含有维生素，在缺少蔬菜水果，以肉类、奶类为主食的地区，是人体日常补充维生素的重要来源，因此茶叶成为当地人民生活中不可缺少的必需品。此外，云南普洱茶有散茶和紧茶之分、新旧之分、青茶和熟茶之分；发酵茶有轻发酵、适度发酵、重发酵等，茶性各不相同。每一种普洱茶都有其个性，只有熟悉所泡茶叶的个性，再通过娴熟的冲泡，才能展现出茶的个性美。

准备工作

茶艺师在冲泡黑茶前，要做好一系列的相关准备工作，大体包括以下几个方面。

◁ 茶叶质量检查

◢ 以普洱茶为例，干茶色泽黑褐油润，汤色红棕。散茶外形肥大，紧直、完整；砖茶块状如砖。茶叶干燥，密封性好。

◁ 备器

◢ 冲泡黑茶宜选择粗犷、古朴的茶具。一般用容量较大（约 250 ml）的紫砂壶或陶壶冲泡，品茗杯则以内壁挂白釉的紫砂杯为佳，玻璃杯和白瓷杯亦可，以便于观赏普洱茶的迤逦汤色。将准备好的茶具整齐摆放在茶盘上，摆放时既要美观又要便于取用。

◁ 煮水候汤

◢ 黑茶为后发酵茶，冲泡黑茶要求水温以 100 ℃为宜。

◁ 温杯洁具

◢ 冲泡黑茶前，先用沸水烫洗茶具。

操作技能

茶叶冲泡——黑茶冲泡

◢ 所需物品

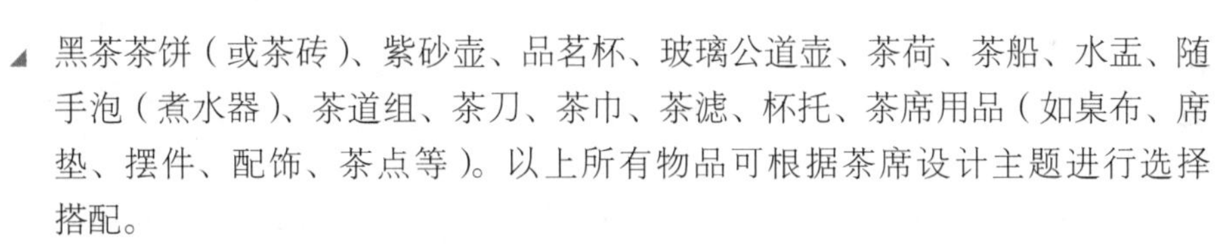

◢ 黑茶茶饼（或茶砖）、紫砂壶、品茗杯、玻璃公道壶、茶荷、茶船、水盂、随手泡（煮水器）、茶道组、茶刀、茶巾、茶滤、杯托、茶席用品（如桌布、席垫、摆件、配饰、茶点等）。以上所有物品可根据茶席设计主题进行选择搭配。

◢ 基本手法与姿势

◢ 冲泡黑茶时，茶艺师坐在茶桌一侧，与宾客面对面。

◢ 面带微笑，表情自然；着装整洁、素雅（一般要求穿茶馆工作装或旗袍）；举止端庄、文雅，上身挺直，双腿并拢正坐或双腿向一侧斜坐。

◢ 右手在上，双手虎口相握呈“八”字形，平放于茶巾上。

◢ 握杯手势是右手虎口分开，拇指和食指握住杯沿，中指托住杯底，意为“三龙护鼎”。女士可微翘起兰花指，再用左手指尖轻托杯底。

◢ 高冲水讲究悬壶高冲，基本手法与冲泡乌龙茶相同。

基本要求

- 一般选用紫砂壶或陶壶冲泡（因为普洱茶的浓度高，用较大容量的壶可以避免茶汤过浓）。茶汤过滤后用玻璃杯或白瓷杯饮用，其汤色十分漂亮，极具观赏性。
- 根据黑茶主题设计茶席，按照茶席空间结构摆好茶具和辅助用具。
- 冲泡之前先检查茶具数量和质量，并用开水烫洗茶杯、茶壶等茶器，以保持黑茶投入后的温度。
- 冲泡时注水手法一般采用内旋法。
- 掌握好茶叶的投放量。投茶量因人而异，也要视不同饮法而有所区别（视饮茶人数而定，若一人饮，一次取茶 6 ~ 8 g 即可）。散茶直接放入；茶砖、饼茶取一块打碎（或用茶刀取）放入茶具中。
- 控制冲泡水温和浸润时间，冲泡的开水以 100 ℃左右水温为佳，冲泡时间在 1 ~ 2 min（具体时间掌握要根据茶叶的特性决定，陈茶、粗茶冲泡时间长，新茶、细嫩茶冲泡时间短；手工揉捻茶冲泡时间长，机械揉捻茶冲泡时间短；紧压茶冲泡时间长，散茶冲泡时间短）。
- 黑茶温润泡时应快速（约 15 s）出汤，起到润茶、洗茶的作用。
- 将泡好的黑茶倒入公道壶内一般要用茶滤，以滤除茶渣。黑茶斟茶量一般到七分满为宜。
- 一般黑茶可续水 5 ~ 6 次。冲泡次数越多，茶叶营养物质浸出越少，应相应延长茶叶浸泡时间（每次增加 15 ~ 30 s 的冲泡时间，这样前后茶汤浓度才比较均匀）。

用水要求

- 一般用泉水、井水、矿泉水、纯净水为宜。水质的好坏会直接影响茶汤滋味。
- 水温要求：水温要高，一般用 100 ℃沸水冲泡。
- 茶水比例：根据壶的容量大小，水量一般每壶投茶 5 ~ 10 g，冲入沸水 250 ~ 500 ml。冲泡普洱茶的茶与水之比一般以 1∶30 为宜；高档砖茶、散尖茶茶与水比约为 1∶30，粗老砖茶约为 1∶20。饮茶者可根据浓淡适当调整茶水比例。

紫砂壶冲泡黑茶基本程序

- 备器：准备并摆放好冲泡黑茶使用的茶具和辅助用具。如图 22.1 所示。
- 茶席：根据黑茶主题设计茶席，按照茶席空间结构摆好茶具和辅助用具。如图 22.2 所示。
- 温具：将开水倒至紫砂壶中，再转注公道壶和品茗杯内。温壶、温杯的目的是为了稍后放入茶叶冲泡热水时不致冷热悬殊。

图 22.1　备器

图 22.2　黑茶茶席设计

- 赏茶：用茶则将茶叶拨至茶荷中供赏茶（砖茶或饼茶可先用茶刀拨开后再放入茶荷，取茶如图 22.3 所示）。
- 置茶：用茶匙将茶荷中的茶叶拨入紫砂壶内。
- 洗茶：向壶中倾入 100 ℃的开水，再迅速倒入公道壶中，起到洗茶、润茶的作用。头道茶汤可用来洗杯。
- 冲泡：用悬壶高冲法注水至壶口。若汤有泡沫，可用左手持壶盖，由外向内撇去浮沫，加盖静置 1 ~ 2 min。
- 出汤：将茶汤斟入放有茶滤的公道壶内。如图 22.4 所示。

图 22.3　取茶

图 22.4　出汤

- 分茶：将公道壶内的茶汤一一倾注到各个茶杯中，再将茶杯放入杯托。
- 奉茶：双手端起品茗杯托向宾客奉茶。
- 品茶：右手用“三龙护鼎”的手法端杯，观赏茶汤色泽后闻香、品味。

紫砂壶冲泡黑茶基本操作规范（表 22.1）

表 22.1　紫砂壶冲泡黑茶基本操作规范

程序	操作规范
备器 赏茶	1. 净手并检查瓷质茶具及茶叶质量 2. 按照茶席设计的空间结构摆好黑茶茶具和辅助用具 3. 用茶刀拨开茶饼，取适量茶叶放入茶荷 4. 双手捧握茶荷向来宾介绍茶叶类别名称及特性，邀请来宾欣赏

续表

程序	操作规范
洁具投茶	5. 左手提随手泡向紫砂壶内注入 1/2 容量的开水烫洗茶壶 6. 将壶中的开水依次注入公道壶和品茗杯，最后再倒入茶船或水盂 7. 将茶荷中的茶叶用茶匙轻轻拨入紫砂壶中
洗茶冲泡	8. 向壶内倾入 100 ℃的开水，第一次冲泡的茶汤一般不喝，倒入公道壶用于洗杯或直接倒入茶船 9. 右手提壶沿壶（左手辅助）内侧悬壶高冲水入紫砂壶，再逆时针转一圈至满，并轻轻刮去茶汤表面泛起的泡沫，加盖静置 1 ~ 2 min 10. 把紫砂壶里泡好的茶汤倒入放有茶滤的公道壶内 11. 将公道壶内的茶汤依次倾注各杯中，再依次放入杯托
奉茶	12. 端起品茗杯杯托，向宾客行点头礼，双手将茶奉送到宾客面前，放在茶桌上，右手掌心向上，做出“请”的手势，请来宾品茶
品饮	13. 普洱茶需用心品茗，啜饮入口，始能得其真韵，虽茶汤入口略感苦涩，但待茶汤于喉舌间略做停留时，即可感受茶汤穿透牙缝、沁渗齿龈，并由舌根产生甘津送回舌面而满口芳香，甘露“生津”之感，令人神清气爽，而且津液四溢，持久不散不渴
谢客	14. 为宾客及时续水，整理茶具，向宾客致谢

赛证直通

基础知识部分

选择题

1. 冲泡普洱茶时将沸水大水流注入盖碗达到充分洗涤后，将洗茶水（　　）。
   A. 直接倒出　　B. 缓慢倒出
   C. 留在碗里　　D. 从斜置的盖碗和碗沿的间隙中倒出
2. 汤色橙黄明亮、馥郁清香、醇爽回甘是（　　）的品质特点。
   A. 云南普洱茶　　B. 滇红工夫红茶
   C. 云南沱茶　　D. 金银花茶
3. 在各种茶叶的冲泡程序中，茶叶的用量、（　　）和茶叶的浸泡时间是冲泡技巧中的三个基本要素。
   A. 壶温　　B. 水温　　C. 水质　　D. 水量

判断题

1. 黑茶按加工法和形状不同分为散装和压制两类。（　　）
2. 云南普洱茶经贮藏后越陈越香，具有历史生命。（　　）

简答题

1. 冲泡黑茶的准备工作主要包括哪几个方面？
2. 如何设计黑茶茶席？
3. 冲泡普洱茶的水温是多少？
4. 如何用紫砂壶冲泡黑茶？

操作技能部分

内容（表 22.2）

表 22.2　操作技能考核内容

考核项目	考核标准
备器洁具	准确掌握温壶、温杯方法。要求动作规范、熟练、灵巧
紫砂壶冲泡黑茶	准确掌握用紫砂壶冲泡黑茶的方法。要求动作规范、熟练；时间把握准确

方式

- 实训室操作紫砂壶冲泡名优黑茶的流程。

第二十三专题 花茶冲泡

学习目标

- 知识目标：了解花茶冲泡基本流程和一般技法。
- 能力目标：熟练掌握用盖碗冲泡花茶的基本方法；具备中高级茶艺师茶艺服务能力和操作技能。
- 素养目标：了解不同地区花茶冲泡的青花瓷茶具审美及各地花茶茶艺冲泡特色。

基础知识

花茶又称香片，是我国极具特色和富有诗意的一种再加工茶类。生产花茶的茶坯主要是细嫩的烘青绿茶，也有少量的其他茶类。加工方式主要是将经过精制的烘青绿茶再经窨制而成。通常用的花有茉莉、珠兰、桂花、玫瑰等。干茶外形细嫩匀净，色泽翠绿，白毫显，花香纯正馥郁，茶汤清澈明亮呈黄绿色，滋味醇和鲜爽，沁人心脾。我国名优花茶主要有茉莉花茶、桂花龙井茶、金银花茶等。茉莉花茶是将绿茶茶坯和茉莉鲜花进行拼和、窨制，使茶叶吸收花香而成。其中，福建福州茉莉花茶外形秀美，毫峰显露，花香浓郁，鲜灵持久，泡饮鲜醇爽口，汤色黄绿明亮，叶底匀嫩晶绿，经久耐泡。花茶冲泡方法主要是盖碗冲泡，也可使用瓷壶冲泡。

准备工作

茶艺师在冲泡花茶前，要做好一系列的相关准备工作，大体包括以下几个方面。

茶叶质量检查

以茉莉银针花茶为例，干茶要求外形细嫩如针，匀齐挺直，白毫满披，色泽翠绿隐白，香气鲜灵浓郁；茶叶干燥，包装密封性好。

备器

- 冲泡花茶需要的茶叶及茶具有：名优花茶（如茉莉银针、茉莉龙珠）10 g、竹制（或木制）茶盘、青花瓷盖碗3只、茶叶罐、青花瓷茶荷、茶匙、玻璃提梁壶、随手泡（煮水器）、水盂、茶巾。将准备好的茶具整齐摆放在茶盘上，摆放时既要美观又要便于取用。

煮水候汤

- 冲泡花茶要求水温在85 ℃左右，应将水烧好再注入玻璃壶中凉汤备用。

温杯洁具

- 冲泡名优花茶要求选用青花瓷盖碗，冲泡前应先用热水烫洗，有利于提高温度和鉴赏汤色。

操作技能

茶叶冲泡——花茶冲泡

所需物品

- 青花瓷盖碗、玻璃提梁壶、随手泡（煮水器）、水盂、名优花茶（如茉莉银针）10 g、茶叶罐、青花瓷茶荷、茶匙、茶巾、茶盘。

基本手法与姿势

- 冲泡时，茶艺师坐在茶桌一侧，与宾客面对面。
- 面带微笑，表情自然；着装整洁、素雅（一般要求穿茶馆工作装或旗袍）；举止端庄、文雅，上身挺直，双腿并拢正坐或双腿向一侧斜坐。
- 右手在上，双手虎口相握呈“八”字形，平放于茶巾上。
- 双手向前合抱捧取茶叶罐、茶道组、花瓶等立放物品。掌心相对捧住物品基部平移至需要位置，轻轻放下后双手收回。
- 盖碗端杯手势是左手托起盖碗茶托，右手中指、食指、拇指点压盖碗的盖钮，将杯盖轻轻向前掀开一条缝隙，适用于观色、闻香和品饮。
- 高冲水的手势与盖碗冲泡绿茶相同。

基本要求

- 选用青花瓷盖碗有助于花茶蕴香和持杯鉴赏。

- 冲泡前先检查茶具数量、质量，并用开水烫洗盖碗，起到温杯洁具的作用。
- 用 85 ℃热水冲泡名优花茶利于茶汤香气纯正，滋味鲜爽（如花茶茶坯选用的是红茶、乌龙茶，则应用 90 ～ 100 ℃的沸水冲泡）。
- 每杯投茶量为 3 g，冲泡后应在 3 ～ 5 min 内饮用为好，时间过长或过短都不利于茶香散发及茶汤滋味辨别。
- 盖碗冲泡花茶适用“下投法”置茶方法（如茉莉银针）。
- 冲泡花茶注水量一般到七分满为宜。
- 一般花茶可续水 3 ～ 4 次。冲泡次数越多，茶叶营养物质浸出越少，每泡茶闷茶时间应比前一次延长 15 s。

用水要求

- 茶艺泡茶用水一般以山泉水或矿泉水为上，其次是洁净的溪水、江水。
- 水温要求：冲泡花茶的水温视茶坯种类而定：名优花茶（如茉莉银针、桂花龙井等）用 85 ℃水温的初沸泉水；玫瑰红茶则应用 90 ℃初沸泉水冲泡；桂花乌龙则用 100 ℃沸水冲泡。
- 茶水比例：一般每杯投茶 3 g，冲入沸水 150 ml，茶与水之比为 1 ∶ 50。

盖碗冲泡花茶基本程序

- 备器：准备好冲泡花茶使用的茶具和辅助用具。
- 赏茶：用茶匙将茶叶罐中花茶轻轻拨入茶荷中，供宾客观赏。
- 洁具：左手依次开盖，将杯盖插入盖碗左侧与杯托间的缝隙中；右手提开水壶依次向盖碗内注入 1/3 容量的开水，盖上杯盖；右手将盖碗端起，轻轻旋转 3 圈后将杯盖掀开一条缝隙，从盖碗与杯盖间的缝隙中将开水倒入水盂。
- 置茶：用茶匙将茶荷中花茶轻轻拨入盖碗中，每杯 3 g 茶叶。
- 温润泡：在 15 s 内用内旋法将玻璃提梁壶中开水沿盖碗内壁慢慢注入盖碗至 1/3 的容量。
- 冲泡：用高冲水的方法提壶高冲，使茶叶上下翻滚，开水应注入至七分满。
- 奉茶：双手持碗托，将茶奉给宾客并行点头礼邀请来宾用茶。如图 23.1 所示。

图 23.1　奉茶

盖碗冲泡花茶基本操作规范（表 23.1）

表 23.1　盖碗冲泡花茶基本操作规范

程序	操作规范
备器	1. 净手并检查盖碗茶具及茶叶质量 2. 按规范将茶具“一”字或弧形排开，整齐摆放在茶盘上 3. 打开随手泡（煮水器）电源开关，将泉水烧至初沸
赏茶	4. 双手捧取茶叶罐，用茶匙将茉莉花茶茶叶轻轻拨入茶荷 5. 双手捧握茶荷邀请来宾欣赏茶叶外形，并向来宾介绍茉莉银针的基本特性
洁具	6. 右手虎口分开，用拇指、中指捏住盖钮两侧，食指抵住盖钮面，掀开杯盖，斜置于茶托右侧，一次向盖碗内注入开水至 1/3 的容量 7. 右手将盖碗稍加倾斜地盖上，双手拇指按住盖钮，轻轻旋转茶碗 3 圈，将开水从盖与碗身间缝隙中倒入水盂
投茶	8. 左手持茶荷，右手拿茶匙，将茶叶从茶荷中依次拨入茶碗内，通常每个盖碗内投放 3 g 干茶即可
冲泡	9. 右手提壶沿盖碗内壁高冲水至茶碗七分满即可，迅速加盖并在盖与茶碗间留出一定间隙，便于茶汤观色
奉茶	10. 双手持茶托，将茶奉给宾客并行点头礼请来宾用茶
闻香、品饮	11. 左手持茶托，右手掀开杯盖，品饮前先细细闻一下杯中浓郁芬芳的茶香，再小口品啜，慢慢回味
谢客	12. 为宾客及时续水，整理茶具，向宾客致谢

赛证直通

基础知识部分

选择题

1. 茉莉花茶茶艺使用的冲水壶是（　　）。
   A. 白瓷壶　　B. 玻璃壶　　C. 白铁壶　　D. 紫砂壶
2. 茉莉花茶茶艺投茶的寓意是（　　）。
   A. 落英缤纷　　B. 仙女散花　　C. 落雁沉鱼　　D. 落花有意
3. 清饮法是以沸水直接冲泡茶叶，清饮茶汤，品尝茶叶（　　）。
   A. 香味　　B. 真香本味　　C. 汤色　　D. 欣赏“茶舞”
4. 在冲泡特级茉莉花茶时我们宜采用精巧的（　　）冲泡。
   A. 瓷壶　　B. 玻璃杯　　C. 三才杯　　D. 普通瓷碗

简答题

1. 冲泡花茶的准备工作主要包括哪几个方面？
2. 冲泡茉莉花茶的水温是多少？
3. 如何用盖碗冲泡花茶？

操作技能部分

内容（表 23.2）

表 23.2　操作技能考核内容

考核项目	考核标准
备器洁具	准确掌握盖碗温杯方法。要求动作规范、熟练
盖碗冲泡花茶	准确掌握用盖碗冲泡花茶的方法。要求动作规范、熟练；时间把握准确

方式

- 实训室操作盖碗冲泡茉莉花茶的流程。

第五模块

茶席设计

第二十四专题 茶席设计要素

学习目标

- 知识目标：熟悉茶席的基本构成要素。
- 能力目标：能够正确搭配茶席中的器物。
- 素养目标：树立清新雅致、返璞归真的中国传统文化的茶席设计和审美意识。

基础知识

“茶席，是指泡茶、喝茶的地方，包括泡茶的操作场所、客人的座席及所需气氛的环境布置。”①

“茶席，是为品茗构建的一个人、茶、器、物、境的茶道美学空间，它以茶汤为灵魂，以茶具为主体，在特定的空间形态中，与其他的艺术形式相结合，共同构成具有独立主题，并有所表达的艺术组合。”②

“茶席是茶文化空间的一种，是有独立主题的，最为精致的、浓缩了茶文化菁华的一个美妙的茶文化空间。”③

综合当代学者茶人对茶席的解读，茶席是沏茶、饮茶的场所，包括沏茶者的操作场所与空间，茶道活动的必需空间、奉茶处所、宾客的座席、修饰与雅化环境氛围的设计与布置等，是茶道中文人雅艺的重要内容之一。茶席文化是茶文化与艺术的结合体，它兼具深厚的文化底蕴与生活美学，将茶品、茶具组合、铺垫、插花、焚香、挂画、相关工艺摆件、茶点茶果、背景等物态形式艺术化地表现出来，让人们得到美的享受。

---

① 童启庆：《影像中国茶道》，浙江摄影出版社 2002 年版，第 38 页。

② 静清和：《茶席窥美》，九州出版社 2015 年版，第 4 页。

③ 周新华：《茶席设计》，浙江大学出版社 2016 年版，第 44 页。

茶器

茶器的内容

茶器是构成茶席的主体，是艺术性和实用性融合的茶席要素，其质地、造型、体积、色彩等，都是茶席设计的重要部分。茶器处于整个茶席布局中最显著的位置。茶器按照功能可以分为主泡器具（表 24.1、图 24.1）和辅助器具（表 24.2、图 24.2）两大类。

表 24.1　主泡器具及其主要功能

茶器名	主要功能
煮水器	煮水器是用来加热泡茶用水的器具。根据材质不同可分为玻璃壶、金属壶、陶壶等；根据火源不同可以分为炭火炉、酒精炉、电炉等
泡茶器	泡茶器是冲泡茶汤的主要器具。现代主要有盖碗、玻璃杯、瓷壶、紫砂壶等；泡茶器的选择，要根据茶品的性质来确定，也可以根据要体现的时代性来设计传统的古典茶具，如煮茶器、点茶碗等
公道杯	公道杯又称茶海或茶盅，是用来分茶的器具。茶叶冲泡完毕以后，可将茶汤倒入公道杯中匀茶，使茶汤均匀，然后平均分给客人
品茗杯	品茗杯是用来品饮茶汤的器具。材质多样，涵盖紫砂、瓷质、玻璃等
杯托	用来放置品茗杯、闻香杯等。目的是为了防止杯里或杯底的茶汤溅湿茶桌；使用杯托给客人奉茶，更为卫生

图 24.1　茶席设计中的主泡器具

表 24.2　辅助器具及其主要功能

茶器名	主要功能
茶道组	茶道组，也称“茶道六君子”，包括茶筒、茶针、茶匙、茶则、茶漏、茶夹。茶道组工具可以根据泡茶需求进行选择
茶巾	主要用来擦拭茶具上的水渍、茶渍和桌面上的茶水。主要用麻、棉等制造而成
水盂	水盂又称水洗，可以承装泡茶过程中的废水和茶渣，多用于排水茶盘的茶席

续表

茶器名	主要功能
茶盘	茶盘又称茶船，是盛放茶壶、茶杯、茶道组、茶宠等的浅底器皿。材质广泛，款式多样
茶荷	茶荷是置茶的用具，茶荷兼具赏茶功能。主要用途是将茶叶由茶罐移至茶壶。主要有竹制品、陶瓷制品、玻璃制品等，既实用又可当艺术品
茶罐	储存茶叶的罐子，必须无杂味、能密封且不透光，其材料有马口铁、不锈钢、锡合金及陶瓷等

图 24.2　茶席设计中的辅助器具

茶器的配置方式

茶器组合既可按传统样式配置，也可进行创意配置；既可基本配置，也可齐全配置。其中，创意配置、基本配置、齐全配置在个件选择上随意性、变化性较大，而传统样式配置，在主泡器具和辅助器具的选择上一般比较固定。

铺垫

铺垫的作用

铺垫是指茶席设计中置于泡茶台上，用于装点台面或防止泡茶器具直接接触台面的物品。常见的有布艺、竹席，棉麻（图 24.3）、苎麻（图 24.4）纤维制品等。常见的工艺有刺绣（图 24.5）、印花（图 24.6）等。铺垫就如茶席的主舞台，主器皿一般置于铺垫上，这样可以使得所有茶器能够围绕主舞台有秩序地摆放，使茶席呈现秩序美。而铺垫又不仅仅局限于上述这些形式，造型各异的树叶、书画作品等都可以成为茶席中的铺垫，与茶席主题呼应。

图 24.3 棉麻工艺铺垫

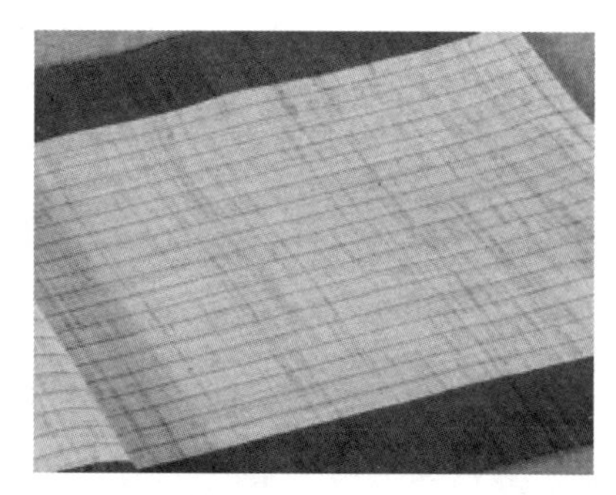

图 24.4 苎麻工艺铺垫

图 24.5 刺绣工艺铺垫

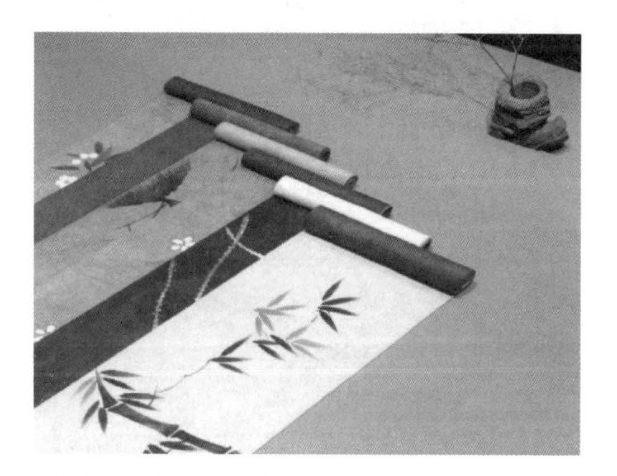

图 24.6 印花工艺铺垫

◿ 铺垫的铺设

铺垫的颜色应该根据季节及桌上要放置的茶具而定，重要的是铺垫不应该破坏茶具固有的美感，过于华丽的铺垫装饰会喧宾夺主。夏季时，以色泽鲜亮而透明的铺垫为首选，冬季则应选择厚重而带有暖意的铺垫。桌布上通常会铺上桌旗进行装点，可以使用一张，也可以两张叠放，横铺在桌子中央，将桌子一分为二，但也适用于其他铺法。布制桌旗能令茶席整体气氛锦上添花。在选择桌旗时要注重色彩搭配，桌旗要与桌布及茶具统一协调。常见的铺垫铺设方法见表 24.3。

表 24.3 常见铺垫铺设方法

铺垫类型	铺设方法
平铺	茶席设计中最常用的铺垫方法，将织品完全展开铺在桌面上
对角铺	两块正方形织品的一角相连，两块织品的另一角顺沿垂下，使桌面呈现四块等边三角形的效果
三角铺	在正方形、长方形的桌面上以 45°斜铺一块比桌面稍小一点的正方形织品，使其中两个三角面垂沿而下，桌面上形成两个对称三角形

续表

铺垫类型	铺设方法
叠铺	在桌面或平铺的基础上，设置两层或多层的铺垫
立体铺	在织品下先固定一些支撑物，然后将织品铺垫在支撑物上，以构成某种意象的效果
帘下铺	将窗帘或挂帘作为背景，在帘下进行桌铺或地铺

插花

茶席插花的功能

茶席插花是茶道品茗的重要环节，是茶席布景的重要组成部分，不但可以美化茶席空间，同时也可以观花明茶性。茶席花是茶与花的完美结合，是精致生活理念与意境的表达。

茶席插花的器具

茶席插花一般选用流线型古典花器，如碗、盘、瓶、筒、篮、钵等。花器材质可选用铜、瓷、陶、竹、藤编、玻璃等，以此丰富插花作品和适应时代发展潮流。如图 24.7、图 24.8 所示。

图 24.7　明亮色调花器

图 24.8　沉稳色调花器

茶席插花的花材

茶席花的花材选择以格调高、品质优为佳，实际应用中可依据茶的品性而选择适合的花材，花材的选择与茶性相同能有效地观花明茶性，从而起到赏花助茗的作用。在花材的品种选择上通常以中国名花卉为优选，这些花材不但具有良好的外观效果，同时具有深厚的文化底蕴，如有四君子之称的梅、兰、竹、菊，中国十大名花之列的梅花、牡丹花、菊花、兰花、月季花等。

茶席插花的形式

茶席插花的形式如表 24.4 及图 24.9 ～图 24.12 所示。

表 24.4　茶席插花的形式

插花类型	插 花 形 式
直立式	鲜花的主枝干基本呈直立状，其他插入的花卉，也都呈自然向上的势头
倾斜式	使花枝倾斜而插，角度为 30° ~ 60°。花形悠闲、秀美，随意而插
悬挂式	以第一主枝在花器上悬挂而下为造型特征的插花
平卧式	全部的花卉在一个平面上的插花样式。虽不常用，但在某些特定的茶席布局中，如移向式结构及部分地铺中，用平卧式插花可使整体茶席的点线结构得到较为鲜明的体现

图 24.9　直立式插花

图 24.10　倾斜式插花

图 24.11　悬挂式插花

图 24.12　平卧式插花

茶点

茶点的含义

茶点是在饮茶过程中佐茶的茶点、茶果和茶食的统称。茶点一般分量少、体积小、制作精细、样式清雅。茶点按形状质地一般分为干湿两种；也可按季节分为茶果和茶食两种。茶果为搭配饮茶所用的水果及干果类茶点，如瓜子、花生、蜜饯等；茶食多为搭配饮茶所食用的点心或糕点，如桂花糕、花生酥、南瓜酥等。春夏多用茶果搭配绿茶、花茶、白茶、黄茶等；秋冬多用茶食如桂花糕、南瓜酥、板栗饼等搭配乌龙茶、普洱茶、红茶等。也可根据茶客的年龄、口味偏好选择合适的茶食、茶点佐茶。

茶点的选配

茶点应根据茶席中不同的茶品和茶席表现的不同题材、不同季节、不同对象来配制。茶点搭配方法如表 24.5 及图 24.13、图 24.14 所示。

表 24.5 茶点搭配方法

茶点类型	搭配方法
香甜茶点	清淡的绿茶能生津止渴，有效促进葡萄糖的代谢，防止过多的糖分留在体内，可搭配甜美如饴的茶点，如羊羹、糖果、月饼、菠萝酥等，而不必担心口感生腻和增加体内的脂肪
精致西点	甜酸口味的西式茶点可以抵消红茶略带苦涩的口感，此类茶点有各种甜酸口味的水果、柠檬片、蜜饯等
淡咸茶点	用淡咸口味或甜咸口味的茶点搭配乌龙茶，对于保留茶的香气，不破坏茶汤的原滋味最为适宜。如坚果类的瓜子、花生、开心果、杏仁、腰果及咸橄榄等
荤油茶点	普洱茶可以减轻其他食品口感上的油腻，因此，味重、油腻的茶点，如蛋黄酥、月饼、酱肉、肉脯及各种炒制的坚果等，可与普洱搭配

图 24.13 中式传统点心茶点

图 24.14 西式蛋糕茶点

茶点的盛器

在茶果、茶点的盛器选择上，干点宜用碟，湿点宜用碗；干果宜用篓，鲜果宜用盘；茶食宜用盏。同时，在盛器的质地、形状、色彩上，还要与茶席的主器物相吻合（图 24.15、图 24.16）。茶果茶点一般摆置在茶席的前中位或前边位。

图 24.15　高脚茶点瓷盘

图 24.16　竹质茶点盘

◢ 点缀物品

◁ 点缀物品的作用

在茶席中加上点缀的小物品，可以将茶席变得更加华美、丰饶。如果能够充分利用这些物件，就能够装扮出更加出色的茶席。茶席的点缀物品是装饰茶席设计的主题意境，选择具有代表性的装饰，可以营造出更好的茶席氛围。

◁ 点缀物品的种类

在茶席中点缀装饰的物品范围很广，凡经人们以某种手段对某种物质进行艺术再造的物品，都可称为是工艺品。如珍玉奇石、植物盆景、花草杆枝、穿戴首饰、厨房用品等，只要能表现茶席的主题，都可进行运用，如图 24.17 ~图 24.20 所示。

茶席点缀物品的分类见表 24.6。

图 24.17　禅意枯山水微景观装饰

图 24.18　自然植物装饰

图 24.19　石磨茶席摆件

图 24.20　中秋主题茶席天然石摆件

表 24.6　点缀物品的分类

点缀物品类型	主要物品
自然物类	质地各异、纹理自然、色彩绚丽、形状特异的石类；表现大自然树木千姿百态的形象的植物盆景；自然界中的各类花草
生活用品类	穿戴类如披风、斗笠；首饰类如项链、胸针；厨具类如木盆、磨；文具、玩具类如毛笔、象棋、围棋；其他生活用品如扇子、纸伞
艺术品类	乐器类如古筝、板胡；民间艺术类如皮影、风筝；演艺用品类如脸谱、水袖
宗教用品	佛教法器中的挂珠、菩提子、念珠；道教法器中的八卦盘、桃木剑
传统劳动用具	水车、石碾、石臼、风车、谷箩、蓑衣、斗笠、镰刀、背篓、纺车、织机、梭子

环境

挂画

挂画，也称为挂轴，可以根据茶席主题的需要而不断变换。挂画主要用来表明主人的志趣，彰显茶室的风格或茶席的主题。茶席挂画中的内容，可以是字，也可以是画。一般以字为多，也可字、画结合。

字

字的内容多用来表达某种人生境界、人生态度和人生情趣。例如，以各代诗家文豪们对于品茗意境、品茗感受所写诗文、诗句为内容，用挂轴、单条、屏条、扇面等方式陈设于茶席之后作背景，如图 24.21 所示。

画

绘画以水墨画为主。我国茶席中挂轴的绘画内容，相对较为多姿多彩。既有简约笔法，抽象予以暗示，又有工笔浓彩，描以花草虫鱼。传统挂画以表现松、竹、梅的“岁寒三友”及水墨山水为多，如图 24.22 所示。

图 24.21　书法挂画装饰

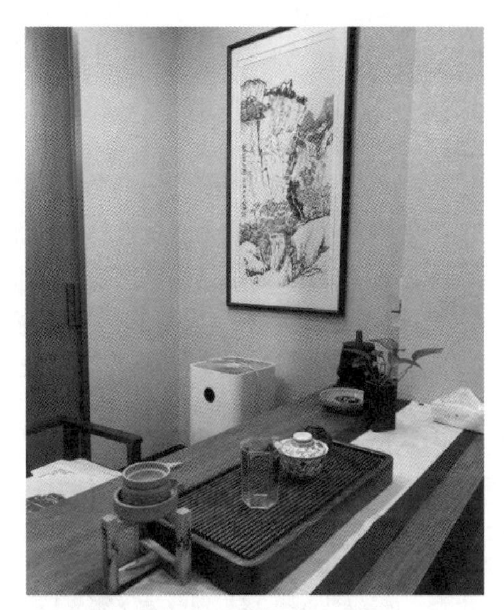

图 24.22　水墨画挂画装饰

焚香

香料

茶席中香料的选择，要根据不同的茶席内容及表现风格来决定。表现古典风格茶道的茶席，可选择香气相对浓烈一些的香料；而表现一般生活内容或自然题材的茶席，则可选择香气相对淡雅一些的香料。

香品

茶席中的香品，总体上分为熟香和生香。熟香指成品香料，可在香店购得或自选香料自行制作。生香是指在茶席动态演示前，临场进行香的制作（香道表演）所用的各种香料。香品的形态分为线香（图 24.23）、盘香（图 24.24）等。

图 24.23　线香

图 24.24　盘香

香炉

茶席中所用的香炉，应根据茶席的不同题材和风格来选择。在表现宫廷茶道的茶席中，可使用金银质地的香炉，以体现富贵之气；而表现文人雅士活动的茶席，则宜选择有山水图案或题有诗词的瓷质香炉。

空间

茶席空间的作用

茶席的价值是通过观众的审美来体现的。因此，视觉空间的相对集中和视觉距离的相对稳定就显得特别重要。茶席背景的设定，能在某种程度上起到视觉阻隔的作用，使人在心理上获得某种程度的安全感。

茶席空间的形式

茶席的背景空间形式，总体由室内和室外两种形式构成，如图 24.25、图 24.26 所示。

图 24.25　室内仿宋茶席设计

图 24.26　室外莲花主题茶席设计

室内现成背景形式有：以舞台作背景、以会议室主席台作背景、以窗作背景、以廊口作背景、以房柱作背景、以装饰墙面作背景、以玄关作背景、以博古架作背景等。除现成背景条件外，还可在室内创造背景。

室外现成背景形式有以树木为背景、以竹子为背景、以假山为背景、以街头屋前为背景等。

音乐

在茶席设计展演中，选择的背景音乐在音乐形象和气氛上要与茶席的主题相吻合，以准确烘托茶席的主题，帮助观赏者体会茶席的意境。因此，茶席设计展演中选择背景音乐的时候应遵从以下原则：根据不同的时代来选择；根据不同的地区和民族来选择；根据不同的宗教来选择；根据不同的风格来选择。

茶席设计的背景音乐选择，要注意与茶席的主题思想、物态语言、风格的协调，从而实现茶席设计的整体美。

赛证直通

◿ 选择题

1. 茶室插花一般宜（　　）。
   A. 简约朴实　　B. 热烈奔放　　C. 花繁叶茂　　D. 摆设在高处
2. （　　）是焚香散发香气方式之一。
   A. 与煤同烧　　B. 加油燃烧　　C. 与柴合烧　　D. 自然散发
3. 香品原料的主要种类有（　　）。
   A. 天然性、植物性、动物性　　B. 陆生性、动物性、合成性
   C. 植物性、动物性、合成性　　D. 海洋性、植物性、合成性
4. 品茗焚香时，香不能紧挨着（　　）。
   A. 茶叶　　B. 鲜花　　C. 烧炉　　D. 茶壶

◿ 简答题

1. 简述茶席设计中的核心元素。
2. 简述在室内设计茶席和在室外设计茶席的设计重点。

第二十五专题 茶席的美学设计

学习目标

- 知识目标：了解茶席构思的设计原则。
- 能力目标：掌握茶席设计中色彩和谐的方法。
- 素养目标：通过茶事中的各种要素理解传统文化中的自然之美、和谐之美。

基础知识

茶席是结合了创意型思维和艺术设计的产品，是一种以茶事活动为媒介的艺术创造，也是一种艺术产品。茶席是创造者运用一定的设计方法，通过精心的布置和营造，呈现出的具有审美价值的空间艺术品。各种组合要素在空间上的组合和搭配，营造出视觉审美上的氛围感，需要在设计中加入有形的色彩组合，提升器具、工艺品等茶席要素的感染力和表现力，注重主题的升华，让茶席在形式美和内容美的和谐统一下焕发光辉。

茶席的构思美学

茶席设计中的元素众多，不仅要考虑茶具和茶品的搭配，还要考虑时间、场所、客人的数量，主人的服装，还有周边的氛围，等等。构思茶席的时候要将众多元素融合在一起综合考虑，注重和谐性、协调性、实用性和创意性，如表 25.1 所示。

表 25.1　茶席构思原则

原则	详　解
和谐性	茶具和茶品之间的搭配要符合茶叶的品质特征，器物的形状和色彩都应该保持与主题的一致性
协调性	茶席设计中要兼顾多元素之间的协调与均衡。在所有元素之间维系统一性、协调感与均衡感，要具有一眼预知全局的眼光
实用性	在茶席设计中要结合实际的功能需求，从人体工学的角度出发，兼顾饮茶者和观赏者的需求
创意性	茶叶是一种多元化的自然产物，茶席设计也是极具包容性和创造性的活动，在茶席构思中宜将传统与现代、东方与西方、物质与精神进行协调匹配

茶席的色彩美学

茶席高雅的美感，需要在色彩的搭配上遵循意境美法则，通常以低彩度搭配，与茶的温和品性相得益彰。在具体应用时要注意色彩与主题的协调统一，在掌握色彩基本原理的基础上，准确有效地掌握茶席的色彩搭配，如表 25.2 所示。

表 25.2　茶席色彩搭配

茶席色彩类型	特征及茶类搭配
黑色系	意境沉稳、大方、幽邃，适合茶类：黑茶、红茶、青茶
白色系	意境干净、纯洁、平淡，适合茶类：白茶、绿茶、黄茶
灰色系	意境平静、庄重、素雅，适合茶类：绿茶、白茶、黄茶、青茶、红茶、黑茶、再加工类
红色系	意境热情、喜悦、庄重，适合茶类：红茶、黑茶、青茶、再加工类
橙色系	意境温暖、甜蜜、热情，适合茶类：黑茶、红茶、黄茶、再加工类
黄色系	意境干净、高贵、明亮，适合茶类：黄茶、青茶、绿茶、再加工类
蓝色系	意境沉稳、雅致、幽邃，适合茶类：红茶、绿茶、黄茶、黑茶、白茶、青茶、再加工类
紫色系	意境浪漫、神秘、内敛，适合茶类：黄茶、绿茶、白茶、青茶、再加工类
绿色系	意境生机、平和、平静，适合茶类：绿茶、白茶、青茶、黄茶、红茶

在色彩搭配上，也可与季节相对应，如图 25.1、图 25.2 所示。

图 25.1　春日茶席

图 25.2　金秋茶席

茶席的主题美学

茶之美主题

茶吸天地之灵气、纳日月之精华。茶不曾因为时间的变迁和历史的变故而销声匿迹，反倒愈加兴盛不已，成为中国优秀传统文化中的瑰宝。在茶席设计中要融合茶叶本身的丰富底蕴和深厚美学。

- 茶有红、绿、青、黄、白、黑六色，还有茶之香、茶之味、茶之性、茶之情、茶之意，无不给人以美的享受，这些都能作为茶席设计的题材，如图 25.3、图 25.4 所示。

图 25.3　柿柿如意冬日仿宋茶席

图 25.4　古朴淡雅乌龙茶茶席

器之美主题

- 茶器品种之丰富、款式之多样、材质之繁多，令人目不暇接。虽然茶器是伴随着茶叶的发展而兴盛起来的，但受“美食不如美器”思想的影响，我国自古以来对茶器之美都是十分重视的。茶器所包含的知识内容和深厚底蕴丝毫不亚于茶。
- 茶器之美，关乎材质，有金属、陶（包括紫砂）、瓷、竹、木、玻璃、琉璃、漆器等。材质的选用直接关系到视觉、触觉和味觉。紫砂壶冲泡普洱茶茶席设计如图 25.5 所示。

图 25.5　紫砂壶冲泡普洱茶茶席

人之美主题

- 人是万物之灵，是社会的核心，茶美学的审美主体是人。这里的“茶人”，可以指设计茶席之人，也可以指在茶席中参与泡茶、品茶之人。茶人之美表现为外在的形体美和内在的心灵美。
- 以茶人为主题：古代名人主题、现代茶人主题、演绎茶人为主题。
- 以茶人心性为主题：淡雅主题、廉洁主题、清静主题。
- 以茶人生活为主题：年代主题、事件主题、民俗主题。

境之美主题

- 品茗环境是在茶器和茶席的基础上形成的。在茶席设计中造景容易造境难，要将茶席衍生出无穷的意境并不容易。一个茶席作品给观众和体验者带来境界之美，打动人的内心，让茶艺活动提升至精神享受的层面，是茶席打造的最终目标。
- 以景为境：绵延的群山、奔腾的江河、荷塘的月色、灿烂的星河等展现自然的意境，如图 25.6 所示；春、夏、秋、冬四季变换的意境；舞台置景，创设沉浸体验感受的茶席。
- 以人为境：人与人生活经验不同、生活地域不同，茶人的美也不同。茶人之美可以体现在一言一行的礼仪中。茶人的言行得体，举止优雅，穿着简洁朴素，一举一动合乎礼仪，用淡然自若的气质创设茶席的人文意境。
- 以心为境：只有真正热爱茶的人，才懂得如何用心去感受茶之美，在茶席设计中做到从心出发，才具有发现美和创造美的能力，

图 25.6　星河创意主题白茶茶席

赛证直通

简答题

1. 简述历史文化与茶席设计之间的联系。
2. 简述茶具与茶叶之间的搭配方式。
3. 列举三种以上的茶席色彩搭配。
4. 在茶席的主题设计中，可以从几个方面去思考？
5. 请从四季的角度设计四个不同的茶席主题名称。

第二十六专题 茶席设计演绎

学习目标

- 知识目标：了解茶席的种类、铺设的方法及插花的要求。
- 能力目标：掌握设计茶席的预备工作；熟悉茶席的操作流程。
- 素养目标：有意识地将茶席审美要素结合传统文化内涵综合应用到茶席设计中。

基础知识

茶席主题构思基于让茶席的演绎者和空间环境达成思想上的统一，让品茗者能够全身心地投入茶席艺术的展示中。美感要通过器具的色泽、质地的协调，还有功能性来体现。所有构成要素要在构图上展现出起伏、转折，空间上疏密有致，错落有序。茶席的演绎是动态行为，是人与茶的互动，在演绎茶席中表演者的服装、妆容、动作展现都要与茶席的主题相得益彰，配饰、花艺、环境装点符合主题的风格。茶席演绎中所有的动态和静态的活动，核心是茶叶本身。茶席设计演绎的出发点是为了展示茶叶在生活中的千变万化。茶席主题赋予茶席内涵和灵魂，茶席因主题而富有生命力和感染力。借助茶席设计的主题，品茶者精神境界可以得到升华，对茶道精神的理解也更加深刻。

准备工作

- 构思主题。选择茶叶，根据茶叶形态、茶汤色泽、茶叶时节等确定茶席主题。或者通过主题的内容选择适合搭配的茶叶。
- 器物准备。茶席设计中根据主题的设计，选择适合的物品搭配，包含茶具、布品、背景装饰、茶点等。
- 构图设计。根据器物构图，用纸笔绘制大概的摆放位置，做好整体的规划。
- 花卉准备。挑选与主题相适应的花艺，准备花艺容器和花卉。
- 服装设计。准备茶席主题演绎中适合的茶艺师服装。

- 环境搭配。准备屏风、挂画、焚香等营造主题氛围的物品，选择能够充分展示茶席主题风格的环境，可以是室内，也可以是室外。

操作技能

所需物品

- 煮水器、泡茶器、公道杯、品茗杯、杯托、茶道组、水盂、茶盘、茶巾、铺垫、花器、花卉、托盘、茶点、挂画、香炉、干香、装饰物品。

基本要求

- 茶是茶席设计的中心，茶席要彰显茶的根本精神。
- 主题的设计要具有内涵，兼顾茶叶和器具之间美感的协调。
- 器物的搭配要有空间结构，根据主题的表现需求，可以多元化地选择适合的器具。
- 茶桌上的花艺要选择应季的花卉，也可使用仿真花。
- 茶点搭配应考虑到传统与现代的协调。
- 环境的创设不局限于标准的茶室，可以利用各种空间去创设。
- 茶席演绎过程中结合茶叶的冲泡流程，通过解说和动作的设计演绎出茶席的主题意境。

茶席设计演绎的基本程序

- 准备茶品：选择好与主题相适应的茶叶。
- 铺设环境：将桌面铺垫装饰，设计好铺垫铺设的方法。
- 席面搭配：将茶席上的冲泡器具根据设计图摆放，根据实际的表现情况调整器具的位置。
- 插花：设计好茶席的花艺，摆放在席面当中。
- 茶点搭配：茶点搭配器具，设计好茶点在容器中的摆放形状，与茶席做到和谐统一。
- 环境装饰：选择符合主题的香炉或者线香，营造舒适感；在背景上添加挂画、屏风、雨伞等装饰物；选择音乐来烘托茶席的意境。
- 冲泡演示：茶艺师登场演绎茶叶的冲泡，在冲泡过程中展示茶叶的精神气韵，解说茶席设计的理念。

茶席设计演绎的基本操作规范

- 茶席设计演绎的基本操作规范如表 26.1 所示。

表 26.1　茶席设计演绎的基本操作规范

程序	操作规范
挑选茶叶	检查好茶叶的质量和品质；选取适量的茶叶放置到茶荷中；茶荷的材质、形状、颜色要与茶具协调
铺设环境	挑选铺垫要考虑到反复利用，避免浪费；铺垫的材质和颜色都能够与主题搭配；铺垫可以多层次地搭配，增加表现力
茶具搭配	选择适合茶叶性质的茶具；茶具材质要和谐统一；辅助茶具的选择要在符合冲泡流程的基础上适当挑选，避免繁杂
工艺品搭配	装饰工艺品是画龙点睛，不可喧宾夺主
茶点摆设	茶点要搭配茶叶的口感选择；盛装茶点的器具要与茶席器具相协调，颜色要符合器具的整体色调
插花	花艺要简洁、淡雅、小巧、精致
挂画	挂画内容要能够彰显茶席设计的主题，凸显茶席的内涵
焚香	在演绎中焚香选择自然香料，燃香要在茶席演绎开始时刻，动作缓慢，注意烟火
冲泡演示	冲泡演绎礼仪遵循茶艺表演的标准规范；在演绎茶叶的冲泡时，将茶席设计的理念融入其中；搭配符合茶席设计的音乐；茶艺演绎过程中插入茶席设计的解说

赛证直通

基础知识部分

简答题

1. 设计一款茶席主题并阐释其意境。
2. 搭配茶席设计物品，阐释搭配原则。
3. 为主题茶席搭配服装，并阐释服装搭配的意义。
4. 根据主题茶席的构想，将茶席设计草图勾画出来，注意将茶席设计所有物品描绘完整。
5. 选择一个主题茶席演绎的场景，并且阐释场景与茶席主题之间的关联。

操作技能部分

内容（表 26.2）

表 26.2　操作技能考核内容

考核项目	考核标准
茶品	选择合适的茶品
茶具组合	茶具与茶叶相匹配，茶具摆放适当
铺垫	干净整洁，能体现茶席之美
插花	烘托茶席，起画龙点睛的作用
工艺品	不累赘，烘托整个茶席
结构设计	物品准备齐全，结构合理美观
背景、音乐	选择适合的背景和音乐
茶席演绎	动作美观、连贯；配合设计思路解说

方式

- 实训室操作演绎并配以茶席主题设计说明。

第六模块

茶艺表演

第二十七专题 杭州西湖龙井

学习目标

- 知识目标：了解西湖龙井茶的基础知识。
- 能力目标：掌握玻璃杯冲泡西湖龙井茶的一般技法；熟练掌握西湖龙井茶艺的解说与操作流程；具备中高级茶艺师茶艺服务、茶席设计及茶艺表演能力。
- 素养目标：结合地方茶文化内涵动手实践茶席设计，创新文旅融合的绿茶茶艺表演及内涵解说。

基础知识

西湖龙井属于名优绿茶，名列中国十大名茶之首。龙井茶产于浙江省杭州西湖的狮峰山、龙井、虎跑、梅家坞一带，以“色翠、香郁、味醇、形美”四绝著称于世，素有“国茶”之称。干茶外形光扁平直，呈翠绿、黄绿色，汤色清澈碧绿，香气幽雅清高，滋味甘鲜醇和，叶底一芽一叶，极其细嫩。绿茶以春茶品质最优，“明前龙井”和“雨前龙井”在春茶市场上尤其受欢迎。

表演技能

准备工作

茶叶质量检查

西湖龙井干茶要求外形匀整、扁平、光滑、挺秀，色泽翠绿，香气清新；茶叶干燥，密封性好。

备器

表演西湖龙井茶艺需要的茶叶及茶具有：西湖龙井茶 10 g、竹制（或木制）茶盘、无色透明中型玻璃茶杯 3 只、茶叶罐、白瓷茶荷、茶匙、玻璃提梁壶、随手泡（煮水器）、水盂、茶巾。将准备好的玻璃茶杯整齐地摆放在茶盘上，摆放时既要美观又要便于取用。为宾客准备清甜可口的精美茶点，做好茶室清洁和环境设计服务。

茶席设计

- 绿茶茶艺要求营造宁静、清雅的品茶氛围。茶室内环境设计应表现自然、和谐、新绿、生机盎然的主题。室内焚点檀香，摆放茶艺插花（如兰花、迎春花、桃花、翠竹等，也可以根据季节特点在室内摆放绿色小盆景）。表演时可播放中国古典音乐（如《高山流水》《桂花龙井》《幽兰》等）作为茶艺背景音乐，以西湖荷塘、竹林等自然美景作为挂画背景，亦可选择中国书法绘画茶艺作品作为书画背景。伴随着悠扬的古筝等民乐器的演奏，茶艺师身着端庄、典雅的服装（以浅绿色为主），配以清新淡雅的发式及妆容缓缓入场，展示茶人崇尚自然、质朴文雅、真诚待客的独特气质。茶艺解说词的内容和解说设计同茶具组合、插花、音乐、焚香及茶艺师的服装等要素共同构成绿茶茶席的设计内容。

煮水候汤

- 冲泡西湖龙井茶要求水温为 80 ℃，应将水烧好再注入玻璃壶中凉汤备用。

温杯洁具

- 冲泡西湖龙井等名优绿茶要求选用完好、无色、无花纹的透明中型玻璃杯。冲泡前应先用热水烫洗玻璃杯，有利于提高茶杯温度、散发茶香和鉴赏龙井茶汤色。

操作手法

所需物品

- 玻璃杯、玻璃提梁壶、随手泡（煮水器）、水盂、西湖龙井茶 10 g、茶叶罐、茶荷、茶匙、茶巾、茶盘。茶具应实用、简洁、美观。

基本手法与姿势

- 冲泡时，茶艺师坐在茶桌一侧，与宾客面对面。
- 面带微笑，表情自然；举止端庄、文雅，上身挺直，双腿并拢正坐或双腿向一侧斜坐。
- 右手在上，双手虎口相握呈“八”字形，平放于茶巾上。
- 双手向前合抱捧取茶叶罐、茶道组、花瓶等立放物品。掌心相对捧住物品基部平移至需要位置，轻轻放下后双手收回。
- 握杯手势是右手虎口分开，握住茶杯基部，女士可微翘起兰花指，再用左手指尖轻托杯底。

- 高冲水的手法沿用绿茶冲泡基本手法。

基本要求

- 选用无色透明玻璃杯可以欣赏西湖龙井茶舞和冲泡过程。
- 冲泡前先检查茶具数量、质量，并用开水烫洗茶杯，起到温杯洁具的作用。
- 用 80 ℃水冲泡西湖龙井茶利于感受茶叶纯正香气和鲜爽滋味。
- 每杯投茶量为 3 g，冲泡后在 3 min 内饮用为好。
- 冲泡时注意开水壶壶口不应朝向宾客，注水手势一般采用内旋法。
- 玻璃杯冲泡西湖龙井茶适用“下投法”的置茶方法。
- 冲泡西湖龙井茶注水量一般以七分满为宜。
- 一般西湖龙井茶可续水 2 ~ 3 次。冲泡次数越多，茶叶营养物质释出越少，应相应延长茶叶浸泡时间。

用水要求

- 冲泡西湖龙井茶可选用杭州当地山泉水，自古便有“龙井茶、虎跑水”之说，这样才能充分体现龙井茶清鲜醇和的独特品质。
- 水温要求：冲泡西湖龙井茶用 80 ℃水温的初沸泉水。水温过高会造成熟汤失味，不利于品饮。
- 茶水比例：一般每杯投茶 3 g，冲入 80 ℃水 150 ml，茶与水之比为 1 ∶ 50。

表演流程

基本程序

- 备器：准备好冲泡西湖龙井茶使用的茶具和辅助用具。
- 赏茶：用茶匙将茶叶罐中的西湖龙井茶轻轻拨入茶荷，供宾客观赏。
- 洁具：玻璃杯依次排开，注入 1/3 杯开水，逐一旋转杯身用以温杯洗杯，左手轻托杯底，右手转动杯身，将开水倒入水盂。
- 置茶：用茶匙将茶荷中的西湖龙井茶轻轻拨入玻璃杯中，每杯 3 g 茶叶。
- 温润泡：用内旋法将玻璃提梁壶中开水沿玻璃杯内壁慢慢注入至 1/4 的容量。
- 冲泡：用“凤凰三点头”法提壶高冲，使茶叶上下翻滚，开水应注入至七分满。
- 奉茶：双手奉茶给宾客，身体微微前倾以表敬意。右手向外翻做“请”的手势，请来宾品饮。
- 赏茶：双手端杯至眼前，透过自然光线欣赏杯中茶舞。
- 品饮：双手端起茶杯，品饮前先用心细闻茶香再小口品尝茶汤滋味。

茶艺解说（表 27.1）

茶艺表演——西湖龙井

表 27.1 龙井茶茶艺解说程序及解说词

程序	解说词
焚香除妄念	西湖龙井名列中国十大名茶之首，因产自素有“天堂美景”之誉的西湖边龙井村而得名。龙井茶以“色翠、香郁、味醇、形美”之“四绝”闻名于世 首先，将茶叶罐中的茶叶拨入茶荷中，请来宾鉴赏龙井茶的外观 焚香除妄念，通过焚点檀香来营造祥和、温馨的品茶氛围，达到驱除妄念、心平气和的目的
冰心去凡尘	茶是至清至洁的灵物，泡茶的器具要求冰清玉洁、一尘不染。冰心去凡尘，即将本来就洁净的玻璃杯再烫洗一遍，使茶杯冰清玉洁、一尘不染
玉壶养太和	龙井茶极其细嫩，若直接用开水冲泡会造成熟汤失味。玉壶养太和，是将开水壶盖打开，凉汤至 80 ℃左右再冲茶，这样茶汤才会色、香、味俱佳
清宫迎佳人	苏东坡有诗云：从来佳茗似佳人。清宫迎佳人，即用茶匙把茶荷中的龙井茶轻轻拨入洁净的玻璃杯中
甘露润莲心	清代乾隆皇帝把好的绿茶比作润心莲，甘露润莲心即向杯中注入少量热水，起到润茶的作用
凤凰三点头	冲泡龙井茶也讲究高冲水，将开水壶提高向杯中有节奏地冲水，水壶三起三落，意喻为向来宾点头行礼
碧玉沉清江	龙井茶吸收了水分逐渐舒展开来，如绿衣仙女在舞蹈，而后累了便慢慢沉入杯底
观音捧玉瓶	请茶艺师将泡好的绿茶奉给来宾，意在祝福好人一生平安
春波展旗枪	杯中的热水如春波荡漾，尖尖的芽叶如枪，片片舒展开来的叶片如旗，一叶一芽称为“旗枪”。轻轻晃动茶杯，茶舞宛如春兰初绽，又似有生命的精灵在舞蹈
慧心悟茶香	品饮绿茶讲究“一看二闻三品味”，绿茶的香清幽淡雅，需要用心去闻才能体会到她那春天般的气息和清纯质朴、难以言传的生命之香
淡中品至味	细细品味龙井茶，有一股太和之气沁人心脾
自斟乐无穷	请来宾自斟自酌，通过动手实践，从茶事活动中感受修身养性、品味人生的无穷乐趣

赛证直通

基础知识部分

选择题

1. 以下属于西湖龙井茶艺程序的解说是（　　）。

   A. 仙姿初赏　　B. 冰心去凡尘　　C. 仙子沐浴　　D. 涤尽凡尘

2. 茶艺表演者的服饰要与（　　）相配。

A. 表演场所　B. 宾客　C. 茶叶品质　D. 茶艺内容

3. 下列选项中（　　）是茶室插画的目的。

A. 烘托品茗环境　B. 寓意主题

C. 为茶室增添色彩　D. 表达心情

4. 玻璃杯冲泡绿茶，一般冲水入杯（　　）表达对宾客的尊敬。

A. 至五成满　B. 至六成满　C. 至七成满　D. 至八成满

简答题

1. 西湖龙井茶艺的准备工作主要包括哪几个方面？
2. 西湖龙井茶艺的基本流程是什么？
3. 西湖龙井茶艺的环境设计要求有哪些？

操作技能部分

内容（表 27.2）

表 27.2　操作技能考核内容

考核项目	考核标准
备器洁具	准确掌握玻璃杯温杯方法。要求动作规范、熟练
玻璃杯冲泡西湖龙井茶	准确掌握用玻璃杯冲泡西湖龙井茶的方法。要求动作规范、熟练；时间把握准确。茶席设计美观、简洁。熟悉解说词，茶艺操作连贯、自然、美观

方式

实训室操作绿茶茶艺表演。

第二十八专题
武夷正山小种

学习目标

- 知识目标：了解正山小种红茶品质特征。
- 能力目标：掌握正山小种的基本冲泡方法；熟练掌握正山小种红茶茶艺的解说与流程。具备中高级茶艺师茶艺服务、茶席设计及茶艺表演能力。
- 素养目标：培养对红茶发源地武夷山茶文化的认知和实践能力，创新武夷山正山小种茶艺表演及内涵解说。

基础知识

经过精心采摘制作的正山小种，条索肥壮，紧结圆直，色泽乌润，冲水后汤色艳红，经久耐泡，滋味醇厚，气味芬芳浓醇，以松烟香和桂圆汤、蜜香为其主要品质特色。如加入牛奶，茶香不减，形成糖浆状奶茶，甘甜爽口，别具风味。产于武夷山自然保护区，清明前后即开始采茶，采用传统工艺制作。正山小种风味独特，具有独特的保健功效，可长期饮用。

表演技能

准备工作

茶叶质量检查

正山小种红茶外形条索肥壮，紧结圆直，色泽乌润。

备器

表演正山小种茶艺需要的茶叶及茶具有：正山小种 5 g、小金橘或酸果数粒、2 把紫砂壶、2 个玻璃公道杯、6 个玻璃杯、茶荷、茶盘、玻璃提梁壶、茶道组、茶巾。将准备好的玻璃茶杯整齐摆放在茶盘上，摆放时既要美观又要便于取用。为宾客品茶准备微带酸甜、口感松软的精美茶点，做好茶室清洁和环境设计服务。

茶席设计

- 根据红茶主题设计茶席，按照茶席设计的空间结构摆好红茶茶具和辅助用具，使环境、音乐和茶席达到和谐统一的效果。红茶茶艺要求营造祥和、温馨的品茶氛围，通过茶艺插花（以荷花、丹桂、金橘、红梅等花材为优），播放中国古典音乐（如《化蝶》《梅花三弄》等），以彩蝶双飞为题材的国画作为背景，以及茶艺师端庄、典雅的服装、发式、化妆等仪容仪表修饰，烘托情意绵绵的浪漫气氛。

温杯洁具

- 冲泡正山小种红茶宜选用白瓷盖碗或朱泥紫砂壶作为茶具。冲泡前应先用热水烫洗茶壶和茶杯，有利于提高茶壶和茶杯的温度、散发茶香及鉴赏正山小种红茶汤色。

操作手法

所需物品

- 正山小种 5 g、小金橘数粒、2 把紫砂壶、2 个玻璃公道杯、6 个玻璃杯、茶荷、茶盘、玻璃提梁壶、茶道组、茶巾、托盘、2 个茶滤。

基本手法与姿势

- 冲泡时，茶艺师坐在茶桌一侧，与宾客面对面。
- 面带微笑，表情自然；举止端庄，上身挺直，双腿并拢正坐或双腿向一侧斜坐。
- 挺胸收腹，双肩自然下垂，端坐于凳子的前 1/3 处，手放在茶巾上（左手在下、右手在上）。
- 双手向前合抱捧取茶叶罐、茶道组、花瓶等立放物品。掌心相对捧住物品基部平移至需要位置，轻轻放下后双手收回。
- 握杯手势是右手虎口分开，握住茶杯基部，再用左手指尖轻托杯底。

基本要求

- 尽量使用材质为紫砂、玻璃的茶具。
- 冲泡之前先检查茶具数量、质量，并用开水烫洗茶壶、茶杯等茶具，以保持红茶投入后散发茶香的温度。
- 掌握好茶叶的投放量。投茶量因人而异，也要视不同饮法而有所区别。
- 控制冲泡水温和浸润时间，冲泡的开水以 90 ~ 95 ℃的水温为佳。
- 将泡好的红茶倒入公道杯中一般要用过滤网，以滤除茶渣。
- 温润泡应迅速倒掉头道汤，再注开水入茶壶浸泡出茶汤。

- 红茶泡好后不要久放，放久后茶中的茶多酚会迅速氧化，茶味变涩。

用水要求

- 一般用山泉水、矿泉水、纯净水冲泡为宜。水质的好坏会直接影响茶汤滋味。
- 水温一般以 90 ~ 95 ℃为宜，不可一直沸腾，过度沸腾会使水质产生变化，也会影响茶汤滋味。
- 一般用茶量为每壶 5 g，用水量约 250 ml，茶与水比例约为 1 ∶ 50。

表演流程

基本程序

- 备器：准备并摆放好冲泡正山小种红茶使用的茶具和辅助用具。
- 温具：用开水按顺序浇淋紫砂壶、公道杯和玻璃杯。温壶、温杯的目的是为了稍后放入茶叶冲泡时不致冷热悬殊。
- 盛茶：用茶则将茶叶拨至茶荷中供宾客赏茶。
- 置茶：用茶匙将茶荷中的茶叶拨入茶壶内。
- 冲泡：向茶壶中倾入 90 ~ 95 ℃的开水。正山小种红茶第一次冲泡的茶汤一般不喝；第二次冲泡则提壶用回转法冲泡，而后用直流法，最后用“凤凰三点头”法冲至满壶。若汤有泡沫，可用左手持壶盖，由外向内撇去浮沫，加盖静置 1 ~ 2 min。
- 出汤：将茶汤斟入公道杯内。
- 分茶：将公道杯内的茶汤一一倾注到各个茶杯中。
- 品茶：右手端杯，先观其色，再闻其香，然后细细品茶。

茶艺解说（表 28.1）

茶艺表演——武夷正山小种红茶

表 28.1 正山小种茶艺解说程序及解说词

程序	解 说 词
洗净凡尘	爱是无私的奉献，爱是无悔的赤诚，爱是纯洁无瑕心灵的碰撞，所以在冲泡“碧血丹心”之前，我们要特别细心地洗净每一件茶具，使它们像相爱的心一样一尘不染
喜遇知音	相传祝英台是一位好学不倦的女子，她摆脱了封建世俗的偏见和家庭的束缚，乔装成男子前往杭州求学，在途中她与梁山伯相遇，他们一见如故，义结金兰，就好比茶人看到了好茶一样，一见钟情，一往情深。今天我们为大家冲泡的是产于福建武夷山的正山小种红茶。这种红茶曾风靡世界，在国际上被称为“灵魂之饮” （“喜遇知音”即赏茶：双手捧起放有茶荷和小金橘的托盘向来宾介绍茶叶类别、名称及特性，请来宾欣赏）

续表

程序	解说词
十八相送	“十八相送”讲的是梁祝分别时，十八里长亭，梁山伯送了祝英台一程又一程，两人难舍难分，恰似茶人投茶时的心情。 （“十八相送”即将茶荷里的正山小种依次拨入两把紫砂壶内）
相思血泪	冲泡正山小种红茶后倾出的茶汤红亮艳丽，像是晶莹璀璨的红宝石，更像是梁山伯与祝英台的相思血泪，点点滴滴在倾诉着古老而又缠绵的爱情故事，点点滴滴打动着我们的心。 （“相思血泪”即用沸水烫洗壶中茶叶，将第一道泡出的茶汤直接倒入茶盘里）
楼台相会	把红茶、相思梅放入同一个壶中冲泡，好似梁祝在楼台相会，两人心相印、情相融，升华成为芬芳甘美、醇和沁心的琼浆玉液。 （“楼台相会”即第二次向紫砂壶内注水）
红豆送喜	“红豆生南国，春来发几枝，愿君多采撷，此物最相思。”我们用小金橘代替红豆，送上我们真诚的祝福，祝天下有情人终成眷属，祝所有的家庭幸福、美满、和睦。 （“红豆送喜”即将红豆分别放入各玻璃杯内）
彩蝶双飞	如果说闷茶时是爱的交融，那么出汤时则是茶性的涅槃，是灵魂的自由，是人性的解放。请看，倾泻而出的茶汤，像是春泉飞瀑在吟唱，又像是激动的泪水在闪烁着喜悦的光芒。请听，茶汤入杯时的声音如泣如诉，像是情人缠绵的耳语，又像是春燕在呢喃。 （“彩蝶双飞”即将紫砂壶内的茶汤倒入公道杯里，再将公道杯里的茶汤一一注入各玻璃杯内）
情满人间	现在我们将冲泡好的“碧血丹心”敬奉给大家。杯中艳红的茶汤，凝聚着梁祝的真情，杯中两粒鲜红的小金橘如两颗赤诚的心在碰撞。最后，让我们借红茶祝福天下有情人终成眷属

◢ 红茶茶艺解说词可根据茶叶产地相关文化及习俗、节庆等元素进行创新设计。

赛证直通

◢ 基础知识部分

◿ 选择题

1. 武夷正山小种茶艺一般选择（　　）为背景音乐。

   A. 雨打芭蕉　B. 化蝶　C. 平湖秋月　D. 南音名曲

2. 调饮红茶就是要在（　　）中加入调味品。

   A. 茶壶　B. 茶杯　C. 茶汤　D. 开水

3. 调味红茶品饮时，重在领略其（　　）。

   A. 香气和滋味　B. 汤色和调味　C. 汤色和叶底　D. 叶底和调味

4. 正山小种茶席设计要求营造（　　）的品茶环境

A. 祥和、温馨　B. 古朴、典雅　C. 宁静、清雅　D. 朴素、儒雅

判断题

1. 正山小种是世界上最古老的红茶。（　　）
2. 正山小种产自武夷山桐木关，是红茶中特有的品种。（　　）

简答题

1. 表演正山小种红茶茶艺的准备工作主要包括哪几个方面？
2. 冲泡正山小种红茶的水温和时间分别是多少？
3. 如何用两把紫砂壶冲泡正山小种红茶？

操作技能部分

内容（表28.2）

表28.2　操作技能考核内容

考核项目	考核标准
备器洁具	准确掌握紫砂壶的温壶方法。要求动作规范、熟练
紫砂壶冲泡正山小种红茶	准确掌握用两把紫砂壶冲泡正山小种红茶的方法。要求动作规范、熟练，时间把握准确。茶席设计简洁、艺术。熟悉解说词，茶艺操作连贯、自然、美观

方式

实训室操作红茶茶艺表演。

第二十九专题
武夷大红袍

学习目标

- 知识目标：了解武夷山乌龙茶的种类及大红袍的品质特征。
- 能力目标：掌握大红袍的基本冲泡方法；熟练掌握大红袍茶艺的流程与解说；具备中高级茶艺师茶艺服务、茶席设计及茶艺表演能力。
- 素养目标：培养对乌龙茶名优品种大红袍的历史文化认知和实践能力，创新武夷大红袍茶艺表演及内涵解说。

基础知识

武夷大红袍，因早春茶芽萌发时，远望通树艳红似火，似红袍披树而得名。大红袍素有“茶中状元”之美誉，是乌龙茶极品。它产于福建省武夷山东北部天心岩九龙窠悬崖峭壁上，终年有山泉滋养。大红袍茶树为灌木型，树冠半展开，分枝较密而斜生，叶近阔椭圆形，尖端钝而略下垂，叶缘微向面翻，叶色深绿、有光泽，内质稍厚而发脆，嫩芽略壮、显毫，深绿带紫。茶汤清澈艳丽，呈琥珀色并略带橙红，叶底软亮，“绿叶红边”特征明显，有天然花果香，滋味醇厚，回甘明显，杯底有余香，岩韵显著。

表演技能

准备工作

茶叶质量检查

大红袍干茶外形条索紧结、壮实，稍扭曲，匀整；干茶色泽绿褐鲜润，香气高长悠远，略带桂花香。

备器

表演大红袍茶艺需要的茶具有：紫砂壶、品茗杯、茶叶罐、茶盘、玻璃提梁壶、茶洗、茶则、茶匙、茶漏、茶夹、茶巾、檀香、香炉、托盘。将准备好的品茗杯整齐摆放在茶盘上，摆放时既要美观又要便于取用。为宾客品茶准备清香可口，略带咸味的精美茶点，如瓜子、花生、开心果、桂花糕等。做好茶室清洁和环境设计服务。

茶席设计

乌龙茶茶艺要求营造古朴、典雅的品茶氛围。茶室内环境设计应表现自然、和谐的主题。室内焚点檀香，摆放茶艺插花（如桂花、兰花、水仙等），以武夷山自然风光为题材的国画作为背景，播放中国古典音乐《春江花月夜》。茶艺师身着端庄、典雅的中式传统服装，配以淡雅妆容，伴随着古典音乐的响起，手捧盛放大红袍茶叶的茶叶罐和茶盘，缓缓走来，营造天人合一、返璞归真的品茶意境，展现茶人温文尔雅、真诚待客的美好品格。茶席设计示例如图 29.1。

图 29.1　乌龙茶茶席设计

温杯洁具

冲泡大红袍宜选用宜兴紫砂壶作为茶具。冲泡前应先用热水烫洗茶壶和茶杯，有利于提高茶壶和茶杯的温度、散发茶香及鉴赏大红袍茶汤色。

操作手法

所需物品

大红袍 6 ~ 8 g、紫砂壶、品茗杯、茶叶罐、茶盘、玻璃提梁壶、茶洗、茶则、茶匙、茶漏、茶夹、茶巾、香炉、檀香、托盘。

基本手法与姿势

冲泡时，茶艺师坐在茶桌一侧，与宾客面对面。

- 面带微笑，表情自然；举止端庄，上身挺直，双腿并拢正坐或双腿向一侧斜坐。
- 挺胸收腹，双肩自然下垂，端坐于凳子的前 1/3 处，手放在茶巾上（左手在下、右手在上）。
- 双手向前合抱捧取茶叶罐、茶道组、花瓶等立放物品。掌心相对捧住物品基部平移至需要位置，轻轻放下后双手收回。
- 握杯手势是右手拇指、食指扶住杯身，中指托住杯底，女士可微翘起兰花指，男士则收拢，即“三龙护鼎”。

基本要求

- 茶具一般以宜兴紫砂壶为佳。
- 冲泡之前先检查茶具数量和质量，并用开水烫洗茶壶、茶杯等茶器，以保持大红袍投入后茶香散发的温度。
- 冲泡时注意玻璃提梁壶口不应朝向宾客，手势一般采用内旋法。
- 掌握好茶叶的投放量。投茶量因人而异，也要视不同饮法而有所区别。投茶量一般为紫砂壶容量的 1/3 左右。
- 控制冲泡水温和浸润时间，冲泡的开水以 100 ℃的水温为佳。
- 温润泡的茶汤迅速倒掉，趁壶尚热再注开水入茶壶。
- 将泡好的大红袍一一巡斟入各杯中。
- 茶泡好后不要久放，5 min 内饮用为宜。放久后茶中的茶多酚会迅速氧化，茶味变涩。

用水要求

- 一般以山泉水、矿泉水、纯净水、井水为宜。水质欠佳会直接影响茶汤滋味，大红袍的岩韵就很难表现出来。
- 水温要高，一般用 100 ℃沸水冲泡。干茶与水的比例一般为 1∶20。

表演流程

基本程序

- 备器：准备并摆放好冲泡大红袍使用的茶具和辅助用具。
- 点香：将檀香点好插入香炉。
- 温壶：将开水倒至紫砂壶中约占 1/2 的容量。温壶的目的是为了稍后放入茶叶冲泡时不致冷热悬殊。
- 置茶：用茶匙将茶叶罐中的茶叶拨入紫砂壶内。注意使用茶漏。
- 冲泡：向紫砂壶中注入 100 ℃的开水，提开水壶用悬壶高冲法注水至满。若汤有泡沫，可用左手持茶壶盖，由外向内撇去浮沫。迅速倒掉头道汤后再注开水入茶壶，加盖后再用开水浇淋茶壶外表，静置约 1 min。

- 温杯：将开水壶中所剩的开水全部倒入水盂中，用茶夹洗杯，接着呈弧形一一摆在茶盘内。
- 分茶：将紫砂壶中泡好的茶汤一一斟入各杯中。
- 品茶：用“三龙护鼎”的手法端杯，观色、闻香、品茶。

茶艺解说（表 29.1）

茶艺表演——武夷岩茶大红袍

表 29.1　大红袍茶艺解说程序及解说词

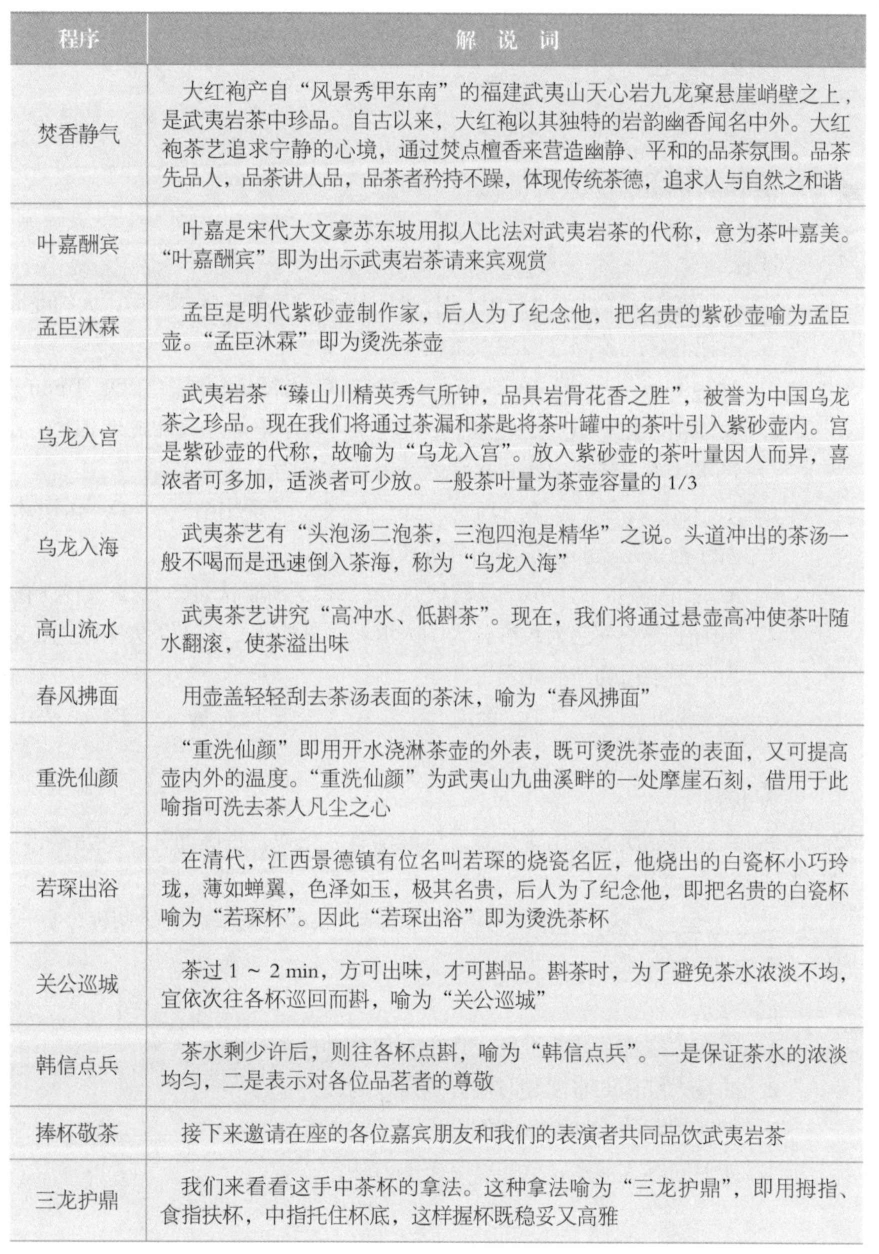

程序	解说词
焚香静气	大红袍产自“风景秀甲东南”的福建武夷山天心岩九龙窠悬崖峭壁之上，是武夷岩茶中珍品。自古以来，大红袍以其独特的岩韵幽香闻名中外。大红袍茶艺追求宁静的心境，通过焚点檀香来营造幽静、平和的品茶氛围。品茶先品人，品茶讲人品，品茶者矜持不躁，体现传统茶德，追求人与自然之和谐
叶嘉酬宾	叶嘉是宋代大文豪苏东坡用拟人比法对武夷岩茶的代称，意为茶叶嘉美。“叶嘉酬宾”即为出示武夷岩茶请来宾观赏
孟臣沐霖	孟臣是明代紫砂壶制作家，后人为了纪念他，把名贵的紫砂壶喻为孟臣壶。“孟臣沐霖”即为烫洗茶壶
乌龙入宫	武夷岩茶“臻山川精英秀气所钟，品具岩骨花香之胜”，被誉为中国乌龙茶之珍品。现在我们将通过茶漏和茶匙将茶叶罐中的茶叶引入紫砂壶内。宫是紫砂壶的代称，故喻为“乌龙入宫”。放入紫砂壶的茶叶量因人而异，喜浓者可多加，适淡者可少放。一般茶叶量为茶壶容量的 1/3
乌龙入海	武夷茶艺有“头泡汤二泡茶，三泡四泡是精华”之说。头道冲出的茶汤一般不喝而是迅速倒入茶海，称为“乌龙入海”
高山流水	武夷茶艺讲究“高冲水、低斟茶”。现在，我们将通过悬壶高冲使茶叶随水翻滚，使茶溢出味
春风拂面	用壶盖轻轻刮去茶汤表面的茶沫，喻为“春风拂面”
重洗仙颜	“重洗仙颜”即用开水浇淋茶壶的外表，既可烫洗茶壶的表面，又可提高壶内外的温度。“重洗仙颜”为武夷山九曲溪畔的一处摩崖石刻，借用于此喻指可洗去茶人凡尘之心
若琛出浴	在清代，江西景德镇有位名叫若琛的烧瓷名匠，他烧出的白瓷杯小巧玲珑，薄如蝉翼，色泽如玉，极其名贵，后人为了纪念他，即把名贵的白瓷杯喻为“若琛杯”。因此“若琛出浴”即为烫洗茶杯
关公巡城	茶过 1 ~ 2 min，方可出味，才可斟品。斟茶时，为了避免茶水浓淡不均，宜依次往各杯巡回而斟，喻为“关公巡城”
韩信点兵	茶水剩少许后，则往各杯点斟，喻为“韩信点兵”。一是保证茶水的浓淡均匀，二是表示对各位品茗者的尊敬
捧杯敬茶	接下来邀请在座的各位嘉宾朋友和我们的表演者共同品饮武夷岩茶
三龙护鼎	我们来看看这手中茶杯的拿法。这种拿法喻为“三龙护鼎”，即用拇指、食指扶杯，中指托住杯底，这样握杯既稳妥又高雅

续表

程序	解说词
喜闻幽香 鉴赏三色	品茶前应先细闻茶香，“鉴赏三色”即认真观看茶汤由杯外圈至内圈的三种不同颜色
初品其茗	品饮武夷岩茶时，宜小口细啜。初饮时，您会感到有些浓苦，但多饮几口，便觉清新甘甜之感油然而生，这就是与众不同的武夷岩韵
尽杯谢茶	起身喝尽杯中的茶，以感谢茶人与大自然的恩赐

赛证直通

基础知识部分

选择题

1. 在福建工夫茶冲泡过程中，斟茶时用开水“高冲”入水壶后，大约浸泡（　　）后把泡好的茶汤巡回注入茶杯中。

   A. 4 min　　B. 3 min　　C. 2 min　　D. 1 min

2. 大红袍冲泡讲究“头泡汤、二泡茶”，头泡茶汤呈亮丽的琥珀色，出汤时如蛟龙吐水，快速出汤直接注入茶海，称之为（　　）。

   A. 乌龙入海　　B. 乌龙入宫　　C. 若琛出浴　　D. 孟臣沐淋

3. 大红袍茶艺表演中常用的背景音乐为（　　）。

   A. 高山流水　　B. 汉宫秋月　　C. 平湖秋月　　D. 春江花月夜

4. 中国工夫茶茶艺大致可分为四大流派，其中（　　）工夫茶最为古老，被称为中国茶道的“活化石”。

   A. 潮汕　　B. 台湾　　C. 泉州安溪　　D. 武夷山

判断题

1. 大红袍品质最突出之处是香气馥郁有兰花香，香高而久，“岩韵”明显。（　　）
2. “未尝甘露味，先闻圣妙香”是指乌龙茶冲泡流程中的烘茶程序。（　　）

简答题

1. 表演大红袍茶艺的准备工作主要包括哪几个方面？
2. 冲泡大红袍的水温和时间分别是多少？
3. 如何用紫砂壶冲泡大红袍？
4. 如何向客人演示正确闻香品茶的方法？

操作技能部分

内容（表29.2）

表29.2　操作技能考核内容

考核项目	考核标准
备器洁具	准确掌握紫砂壶的温壶方法。要求动作规范、熟练
紫砂壶冲泡大红袍	准确掌握用紫砂壶冲泡大红袍的方法。要求动作规范、熟练，时间把握准确，茶席设计美观、简洁。熟悉解说词，茶艺操作连贯、自然、美观

方式

- 实训室操作大红袍或铁观音等乌龙茶的茶艺表演。

第三十专题
福建白毫银针

学习目标

- 知识目标：了解白毫银针茶的基础知识。
- 能力目标：掌握用玻璃杯冲泡白毫银针茶的一般技法；熟练掌握白毫银针茶艺的流程与解说；具备中高级茶艺师茶艺服务、茶席设计及茶艺表演能力。
- 素养目标：在冲泡福建白茶时能综合运用白茶知识并融入茶文化内涵，归纳创新白茶茶艺表演特色。

基础知识

白毫银针属于微发酵茶，是名优白茶，属于我国特有茶类。白毫银针产于福建的福鼎市和政和县。干茶外形白毫满披，芽针肥壮，叶底银白，茶汤清澈呈浅杏色，香气清鲜，毫香显露，滋味鲜爽微甜。冲泡白毫银针可采用“上投法”，起初杯中银霜满地，而后芽叶吸水，沉浮错落有致，上下交错，望之如石钟乳，蔚为奇观。

表演技能

准备工作

茶叶质量检查

白毫银针干茶要求外形匀整，白毫满披，芽针肥壮，银白隐绿，香气清鲜；茶叶干燥，包装密封性好。

备器

表演白毫银针茶艺需要的茶叶及茶具有：白毫银针 10 g、无色透明中型玻璃茶杯

3 只、竹制（或木制）茶盘、茶叶罐、白瓷茶荷、茶匙、玻璃提梁壶、随手泡（煮水器）、水盂、茶巾。将准备好的玻璃茶杯整齐摆放在茶盘上，摆放时既要美观又要便于取用。为宾客品茶准备松软精美的茶点，做好茶室清洁和环境设计服务。

茶席设计

白茶性凉，质朴清雅。白毫银针茶艺要求营造宁静、淡雅的品茶氛围。茶室内环境设计应表现自然、朴实的主题。室内焚点檀香，摆放茶艺插花（如水仙、海棠、梨花、茉莉等），播放中国古典音乐（如《香飘水云间》《奉茶》等）。茶艺师身着清新、典雅的服装，女士以鹅黄、乳白、浅杏等颜色的旗袍为主，男士以唐装为主，配以传统发式、清雅淡妆。室内以福建福鼎太姥山风光为背景，展示清新俊秀、超凡脱俗的品茶意境。

煮水候汤

冲泡白毫银针要求水温为 75 ~ 80 ℃，应将水烧好再注入玻璃壶中凉汤备用。

温杯洁具

冲泡白毫银针要求选用完好、无色、无花纹的透明中型玻璃杯，冲泡前应先用热水烫洗茶杯，以利于提高茶杯温度、散发茶香和鉴赏白毫银针茶汤色。

操作手法

所需物品

玻璃杯、玻璃提梁壶、随手泡（煮水器）、水盂、白毫银针 10 g、茶叶罐、茶荷、茶匙、茶巾、茶盘。

基本手法与姿势

- 冲泡时，茶艺师坐在茶桌一侧，与宾客面对面。
- 面带微笑，表情自然；举止端庄、文雅，上身挺直，双腿并拢正坐或双腿向一侧斜坐。
- 右手在上，双手虎口相握呈“八”字形，平放于茶巾上。
- 双手向前合抱捧取茶叶罐、茶道组、花瓶等立放物品。掌心相对捧住物品基部平移至需要位置，轻轻放下后双手收回。
- 握杯手势是右手虎口分开，握住茶杯基部，女士可微翘起兰花指，再用左手指尖轻托杯底。
- 高冲水的手法沿用白茶冲泡基本手法。

基本要求

- 选用无色透明玻璃杯可以欣赏白毫银针茶汤、叶底。
- 冲泡前先检查茶具数量、质量，并用开水烫洗茶杯，起到温杯洁具的作用。
- 用 75 ~ 80 ℃山泉水冲泡白毫银针利于感受茶叶纯正香气和鲜爽滋味。
- 每杯投茶量为 2 g，冲泡后在 5 ~ 8 min 内饮用为好，时间过长或过短都不利于茶香散发及茶汤滋味辨别。
- 用玻璃杯冲泡白毫银针适用“上投法”的置茶方法。
- 冲泡白毫银针注水量一般到七分满为宜。
- 一般白毫银针可续水 3 ~ 4 次。冲泡次数越多，茶叶营养物质释出越少，因此应相应延长茶叶浸泡时间。

用水要求

- 一般以山泉水或矿泉水为上，其次是洁净的溪水、江水。
- 水温要求：冲泡白毫银针一般用 75 ~ 80 ℃水温的泉水。水温过高或过低都会影响白毫银针的色、香、味，不利于品饮。
- 茶水比例：一般每杯投茶 2 ~ 3 g，冲入 75 ~ 80 ℃泉水 100 ml，茶与水比例为 1∶50。

表演流程

基本程序

- 备器：准备好冲泡白毫银针使用的茶具和辅助用具。
- 赏茶：用茶匙将茶叶罐中的白毫银针轻轻拨入茶荷并邀请宾客观赏。
- 洁具：玻璃杯依次排开，注入 1/3 杯开水，逐一旋转杯身温杯洗杯，左手轻托杯底，右手滚动杯身将开水倒入水盂。
- 置茶：用茶匙将茶荷中白毫银针轻轻拨入玻璃杯中，每杯 2 g 茶叶。
- 温润泡：用内旋法将玻璃提梁壶中开水沿玻璃杯内壁慢慢注入至 1/3 的容量。
- 冲泡：用“凤凰三点头”方法提壶高冲，使茶叶上下翻滚，开水应注入至七分满。
- 奉茶：双手奉茶给宾客，身体微微前倾以表敬意。右手向外翻，做“请”的手势。
- 赏茶：双手端杯至眼前，透过自然光线欣赏杯中茶舞。
- 品饮：双手端起茶杯，品饮白毫银针茶前先用心细闻茶香，再小口品尝茶汤滋味。

茶艺解说（表 30.1）

表 30.1　白毫银针茶艺解说程序及解说词

程序	解　说　词
焚香静气	通过焚点檀香来营造祥和、温馨的品茶氛围，达到驱除妄念、心平气和的目的
仙子沐浴	准备好冲泡白茶的茶具并将茶具摆放整齐，将烧好的沸水倒入玻璃水壶中凉汤至 75 ~ 80 ℃备用。用烧好的开水将玻璃杯烫洗一遍，做到茶具洁净和提温，有助于茶香的散发
佳茗出宫	将茶叶罐中茶叶用茶匙拨入茶荷中，请来宾鉴赏白毫银针挺直如针、色白如银的外形和色泽。用茶匙轻轻地将茶叶从茶荷中投入玻璃杯中
落英缤纷	随即将少许热水用回旋法注入玻璃杯至约占 1/3 的容量，轻轻摇晃玻璃杯，让茶叶充分吸收水分和热量，这样有利于茶香的散发。白毫银针芽叶开始浮在水面，而后渐渐下沉。此情此景如落英缤纷，令人赏心悦目
凤凰点头	用“凤凰三点头”的手法将热水注入玻璃杯至七分满。白毫银针随水翻滚，在杯中翩翩起舞，错落有致，上下起伏，望之如石钟乳，蔚为奇观
敬奉佳茗	茶艺师将泡好的茶汤双手端给宾客，邀请来宾品饮白毫银针
漫天雪舞	双手端杯欣赏富有光泽的浅杏色茶汤和飞舞的白毫银针，如同欣赏漫天雪舞的美景，令人神往
闻香品茗	8 分钟后，茶汤呈杏黄色即可品饮。品饮前先细细闻香，感受白毫银针清鲜高长的茶香。而后再小口品啜茶汤，可以体会到白毫银针清鲜甘醇的滋味
尽杯谢茶	茶艺师端起茶杯，起身向来宾敬茶以表谢意

赛证直通

基础知识部分

选择题

1. 以下属于白毫银针茶艺程序解说的是（　　）。

A. 韩信点兵　　B. 关公巡城　　C. 落英缤纷　　D. 峨皇仙姿

2. 白毫银针置茶方式适用（　　）。

A. 上投法　　B. 中投法　　C. 下投法　　D. 以上都可以

判断题

“双手端杯欣赏富有光泽的浅杏色和飞舞的白毫银针”的程序被喻为“满天飞雪”。（　　）

简答题

1. 白毫银针茶艺表演的准备工作主要包括哪几个方面?
2. 白毫银针茶艺的基本流程是什么?
3. 白毫银针茶艺的茶席设计要求有哪些?

操作技能部分

内容（表 30.2）

表 30.2　操作技能考核内容

考核项目	考核标准
备器洁具	准确掌握玻璃杯温杯方法。要求动作规范、熟练
玻璃杯冲泡白毫银针	准确掌握用玻璃杯冲泡白毫银针的方法。要求动作规范、熟练，时间把握准确，茶席设计简洁、艺术，熟悉解说词，茶艺操作连贯、自然、美观

方式

- 实训室操作白茶茶艺表演。

第三十一专题
湖南君山银针

学习目标

- 知识目标：了解君山银针茶的基础知识。
- 能力目标：掌握玻璃杯冲泡君山银针茶的一般技法；熟练掌握君山银针茶艺的流程与解说；具备中高级茶艺师茶艺服务、茶席设计及茶艺表演能力。
- 素养目标：培养对黄茶茶艺的创新精神，在结合传统文化茶道精神的基础上丰富、创新具有地方文旅特色的君山银针茶艺表演。

基础知识

君山银针属于轻度发酵茶，为名优黄茶类。君山银针产于湖南岳阳洞庭湖的君山岛，茶叶芽头肥壮，紧实挺直，满披茸毛，色泽金黄泛光，叶底嫩亮，茶汤金黄明亮，香气清纯，滋味甜爽，是我国黄茶中的珍品。冲泡后芽叶陆续竖立杯中，宛如春笋出土，上下沉浮，形成三起三落的奇特景象。

表演技能

准备工作

茶叶质量检查

君山银针干茶要求外形芽头茁壮显毫，紧实挺直，芽叶金黄，香气清悦，茶叶干燥，密封性好。

备器

表演君山银针茶艺需要的茶叶及茶具有：君山银针 12 g、无色透明中型玻璃茶杯（或盖碗）3只、竹制（或木制）茶盘、茶叶罐、白瓷茶荷、茶匙、玻璃提梁壶、随手泡（煮水器）、水盂、茶巾。将准备好的玻璃茶杯整齐摆放在茶盘上，摆放时既要美观又要便于取用。为宾客品茶准备清甜精美的茶点，做好茶室清洁和环境设计服务。

茶席设计

君山银针茶艺要求营造宁静、淡雅的品茶氛围。茶室内环境设计应表现自然、和谐的主题。室内焚点檀香，摆放茶艺插花（如金银花、野菊花、金橘、兰花等），播放中国古典音乐（如《渔舟唱晚》《平湖秋月》等），以洞庭湖美景为题材的国画作为背景。茶艺师身着典雅、清新的服装，配以淡雅的妆容，展示湖南岳阳历史文化与茶人崇尚自然、返璞归真的精神境界。

煮水候汤

冲泡君山银针要求水温在70 ℃左右，应将水烧好再注入玻璃壶中放凉备用。

温杯洁具

冲泡君山银针要求选用完好、无色、无花纹的透明中型玻璃杯，冲泡前应先用热水烫洗杯具，有利于提高茶杯温度、散发茶香和鉴赏君山银针汤色。

操作手法

所需物品

玻璃杯、玻璃提梁壶、随手泡（煮水器）、水盂、君山银针12 g、茶叶罐、茶荷、茶匙、茶巾、茶盘。

基本手法与姿势

- 冲泡时，茶艺师坐在茶桌一侧，与宾客面对面。
- 面带微笑，表情自然；举止端庄、文雅，上身挺直，双腿并拢正坐或双腿向一侧斜坐。
- 右手在上，双手虎口相握呈“八”字形，平放于茶巾上。
- 双手向前合抱捧取茶叶罐、茶道组、花瓶等立放物品。掌心相对捧住物品基部平移至需要位置，轻轻放下后双手收回。
- 握杯手势是右手虎口分开，握住茶杯基部，女士可微翘起兰花指，再用左手指尖轻托杯底。
- 高冲水的手法与黄茶冲泡方法一致。

基本要求

- 选用无色透明玻璃杯可以欣赏君山银针冲泡全过程。

- 冲泡前先检查茶具数量、质量，并用开水烫洗茶杯，起到温杯洁具的作用。
- 用 70 ℃山泉水冲泡君山银针，利于感受茶叶纯正香气和鲜爽滋味。
- 每杯投茶量为 2 ～ 3 g，冲泡后在 10 min 内饮用为好，时间过长或过短都不利于茶香散发及茶汤滋味辨别。
- 玻璃杯冲泡君山银针适用“中投法”或“下投法”的置茶方法。
- 冲泡君山银针注水量一般到七分满为宜。
- 加盖使茶叶吸水下沉，10 min 左右，茶汤呈金黄色，茶芽直立于杯中，此时即可品饮。
- 一般君山银针可续水 3 ～ 4 次，冲泡次数越多，茶叶营养物质释出越少。

用水要求

- 冲泡君山银针可以选用当地山泉水，也可用矿泉水、纯净水。
- 水温要求：冲泡君山银针宜用 70 ℃左右的泉水，水温过高或过低都会影响君山银针的色、香、味，不利于品饮。
- 茶水比例：一般每杯投茶 2 ～ 3 g，冲入 70 ℃泉水 100 ～ 150 ml，茶与水比例为 1∶50。

表演流程

基本程序

- 备器：准备好冲泡君山银针使用的茶具和辅助用具。
- 赏茶：用茶匙将茶叶罐中的君山银针轻轻拨入茶荷，供宾客观赏。
- 洁具：玻璃杯依次排开，注入 1/3 杯开水，逐一逆时针旋转杯身三圈，左手轻托杯底，右手转动杯身，将开水倒入水盂。
- 置茶：用茶匙将茶荷中君山银针轻轻拨入玻璃杯中，每杯 2 ～ 3 g 茶叶。也可用“中投法”置茶。
- 温润泡：用内旋法将玻璃提梁壶中的开水沿玻璃杯内壁慢慢注入水杯至 1/2 的容量。
- 冲泡：用“凤凰三点头”的方法提壶高冲，使茶叶上下翻滚，开水应注入至七分满。加盖使茶叶快速下沉。
- 奉茶：双手奉茶给宾客，身体微微前倾以表敬意。右手向外翻做“请”的手势。
- 赏茶：双手端杯至眼前，透过自然光线欣赏杯中茶舞。
- 品饮：双手端起茶杯，品饮君山银针茶前先用心细闻茶香，再小口品尝茶汤滋味。

茶艺解说（表 31.1）

表 31.1 君山银针茶艺解说程序及解说词

程序	解说词
焚香静气	君山银针产自湖南洞庭湖君山岛上，芽头肥壮挺直，满披茸毛，色泽金黄泛光，茶汤金黄明亮，香气清纯，滋味甜爽，叶底细嫩光亮。通过焚点檀香来营造祥和、温馨的品茶氛围，达到使品饮者平心静气的目的
涤尽凡尘	准备好冲泡君山银针的茶具并摆放整齐，将烧好的沸水倒入玻璃水壶中晾凉至 70 ℃备用。用开水将玻璃杯烫洗一遍，涤尽品饮者凡尘之心
峨皇仙姿	将茶叶罐中的茶叶用茶匙拨入茶荷中，请来宾鉴赏君山银针肥壮挺直的外形和金黄的色泽，俗称“金镶玉”
落英缤纷	用茶匙轻轻地将茶叶均匀投入玻璃杯中，恰似落英缤纷
洞庭飞雪	向杯中注入少量热水，起到润茶的作用。杯中茶叶随波翻滚，如洞庭湖波涌连天
碧涛撼天	用“凤凰三点头”的手法将热水注入玻璃杯中至七分满。君山银针随水翻滚，竖立杯中，宛如春笋出土，金枪直立，生动诱人
仙子奉茗	茶艺师将泡好的茶汤双手端起，请各位来宾品饮君山银针
湘水浓情	君山银针的芽头吸收了热水后在杯中上下沉浮，形成三起三落的奇妙景象。芽尖挂着晶莹的气泡，十分罕见。汤色、茶舞交相辉映，形成一幅优美的湘江画卷
楚云楚梦	端起玻璃杯细细闻香，可以感受到洞庭湖畔清新自然的甘鲜茶香，令人心旷神怡
人生百味	10 min 后，茶汤呈金黄色即可品饮。君山银针滋味甜爽，耐人回味
心逐白云	茶艺师端起茶杯，起身向来宾敬茶以表谢意

赛证直通

基础知识部分

选择题

1. 茶室插花一般宜（　　）。

A. 简约朴实　　B. 热烈奔放　　C. 花繁叶茂　　D. 摆设在高处

2. 黄茶的冲泡器具有（　　）。

A. 透明玻璃杯、杯托、杯盖、赏茶盘、茶叶罐、烧水炉具

B. 透明玻璃杯、杯托、杯盖、赏茶盘、茶叶罐、茶匙、烧水炉具

C. 透明玻璃杯、杯托、杯盖、赏茶盘、茶匙

D. 透明玻璃杯、杯托、杯盖、茶匙

判断题

1. 君山银针在冲泡过程中，针叶时而起、时而落，时而“群笋出土”，时而翩翩起舞，时而“万笔书天”，时而“刀枪林立”，几起几落，宛若人生沉浮。 (　　)
2. 冲泡黄茶可以采用“中投法”和“下投法”。 (　　)

简答题

1. 君山银针茶艺表演的准备工作主要包括哪几个方面？
2. 君山银针茶艺的基本流程是什么？
3. 君山银针茶艺的环境设计要求有哪些？

操作技能部分

内容（表31.2）

表31.2　操作技能考核内容

考核项目	考核标准
备器洁具	准确掌握玻璃杯温杯方法。要求动作规范、熟练
玻璃杯冲泡君山银针	准确掌握用玻璃杯冲泡君山银针的方法。要求动作规范、熟练，时间把握准确，茶席设计简洁、艺术；熟悉解说词，茶艺操作连贯、自然、美观

方式

实训室操作黄茶茶艺表演。

第三十二专题 云南普洱茶

学习目标

- 知识目标：了解普洱茶的品质特征。
- 能力目标：掌握普洱茶的基本冲泡方法；熟练掌握普洱茶茶艺的流程与解说；具备中高级茶艺师茶艺服务、茶席设计及茶艺表演能力。
- 素养目标：培养融会贯通思想和创新精神，将少数民族茶文化特色融入普洱茶茶艺表演和内涵解说中。

基础知识

普洱茶采用云南大叶种茶树的鲜叶，经杀青（铁锅炒）、揉捻（揉条、手工揉）、干燥（太阳晒干）后，再经蒸压成为各种规格的花色品种，如普洱圆茶（云南七子饼茶）、普洱方茶、普洱砖茶、竹筒茶、普洱沱茶等，亦可精制成普洱散茶。传统普洱茶外形条索紧结油润，有清香，滋味醇厚、回甘，汤色黄，叶底黄明。陈放后汤色黄红，滋味醇厚甘滑，叶底红褐、有弹性。20 世纪 70 年代，为适应市场的需求，经渥堆发酵工艺，加工成“后发酵普洱茶”。为区别于传统普洱茶，称其为现代普洱茶。后发酵普洱茶色红褐，汤红，味甘滑，香气陈醇，叶底红褐色、有弹性。独特的陈香、醇和甘滑的口感已成为普洱茶显著的特征。

表演技能

准备工作

茶叶质量检查

普洱散茶外形条索紧结、匀整，色泽乌润，有独特的陈香。

备器

- 表演普洱茶茶艺需要的茶叶及茶具有：普洱茶饼、紫砂壶、玻璃品茗杯、公道杯、随手泡（煮水器）、茶盘（或茶船）、水盂、茶荷、茶道组。将准备好的品茗杯整齐摆放在茶盘上，摆放时既要美观又要便于取用。为宾客品茶准备精美茶点，做好茶室清洁和环境设计服务。

环境与音乐设计

- 普洱茶茶艺要求营造宁静、清雅的品茶氛围。茶室内环境设计应表现自然、和谐、古朴及云南地区独特风情的主题。通过茶艺插花（如凤尾竹）、播放中国民族音乐（如《小河淌水》《月光下的凤尾竹》等）和茶艺师端庄、典雅及具有云南少数民族特色的服装、发式等仪容仪表修饰，展示茶人崇尚自然、返璞归真、温文尔雅、真诚待客的美好品格和地方文化特色。

温杯洁具

- 冲泡普洱茶宜选用紫砂壶或盖碗作茶具，品茗杯则以透明玻璃杯或白瓷杯为佳。冲泡前应先用热水烫洗茶壶和茶杯，以利于提高茶壶和茶杯的温度，散发茶香及鉴赏普洱茶的汤色。

操作手法

所需物品

- 普洱茶饼、紫砂壶、玻璃品茗杯、公道杯、随手泡（煮水器）、风炉、茶盘（或茶船）、水盂、茶荷、茶道组。

基本手法与姿势

- 冲泡时，茶艺师坐在茶桌一侧，与宾客面对面。
- 面带微笑，表情自然；举止端庄，上身挺直，双腿并拢正坐或双腿向一侧斜坐。
- 双手向前合抱捧取茶饼、茶道组、花瓶等立放物品。
- 握杯手势是右手虎口分开，握住茶杯基部，女士可微翘起兰花指，再用左手指尖轻托杯底。

基本要求

- 普洱茶一般选用紫砂壶或盖碗冲泡，也可用如意杯或飘逸杯冲泡。此茶宜过滤后用玻璃杯或白瓷杯饮用，汤色十分漂亮，极具观赏性。
- 冲泡之前先检查茶具数量和质量，并用开水烫洗茶壶、茶杯等茶器，以保持茶叶投入后的温度。
- 冲泡时注意随手泡壶口不应朝向宾客，手势一般采用内旋法。

- 掌握好茶叶的投放量。投茶量因人而异，也要视不同饮法而有所区别。
- 先将装入茶叶的紫砂壶放在文火上烘烤，使茶香充分散发。
- 控制冲泡水温和浸润时间，冲泡的开水以 100 ℃为佳。
- 将泡好的普洱茶倒入公道杯内，一般要用过滤网，以滤除茶渣。
- 头道茶汤用来洗杯，应迅速倒入茶盘或水盂。再向紫砂壶注入开水至满，若泛起泡沫，可用左手持紫砂壶盖由外向内撇去浮沫，用开水冲洗紫砂壶盖，并加盖静置 1 ~ 2 min。

用水要求

- 一般以泉水、井水、矿泉水、纯净水为宜。水质的好坏会直接影响茶汤滋味。
- 水温要高，一般用 100 ℃沸水冲泡。也可用沸水泡茶后，再用风炉将茶汤煮沸。

表演流程

基本程序

- 备器：准备并摆放好冲泡普洱茶使用的茶具和辅助用具。
- 温壶：将开水倒至茶壶中，再转注公道杯和品茗杯内。温壶的目的是为了稍后放入茶叶冲泡时茶具不致冷热悬殊。
- 赏茶：用茶刀拆分茶饼并取出适量的普洱茶。
- 置茶：用茶匙将茶荷中的茶叶拨入紫砂壶里。
- 烤茶：将装入茶叶的紫砂壶或陶壶放在文火上烘烤，使茶香充分散发。
- 冲泡：采用悬壶高冲法将水冲满并刮去浮沫，迅速将头道茶汤分入公道杯中用于洗杯。紧接着第二次冲水至满，若汤有泡沫，可用左手持壶盖，由外向内撇去浮沫，加盖静置 1 ~ 2 min。亦可将茶壶放在风炉上煎煮，使茶汤充分浸出。
- 出汤：将茶汤过滤斟入公道杯内。
- 分茶：将公道杯内的茶汤一一倾注到各个茶杯中。
- 品茶：右手端起茶杯细细品尝茶汤滋味。

茶艺解说（表 32.1）

茶艺表演——云南普洱

表 32.1　普洱茶艺解说程序及解说词

程序	解　说　词
备具候汤	普洱茶属于后发酵黑茶，是云南特有的名茶，在云南各地少数民族中形成了独具地方特色的普洱茶艺。现为您献上普洱茶艺。将普洱茶艺茶具整齐摆放在茶盘上备用，等待山泉初沸
孔雀开屏	“孔雀开屏”比喻向客人展示泡茶茶具：陶壶（或长柄紫砂壶）、公道杯、瓷杯、茶匙、茶饼、普洱茶刀、随手泡（煮水器）、杯托、茶滤等
温壶洁具	“温壶”又称“温杯洁具”。用开水浇淋茶具，借以提高泡茶器皿的温度。也可以用旺火温壶起到提高壶温的作用，这样有助于茶香散发
普洱入宫	普洱茶历史悠久，滋味醇厚有陈香。用茶匙将茶叶放入紫砂壶中，称为“普洱入宫”。紫砂壶置茶以 1/3 为宜，也可根据客人的爱好而定
真火荡浊	“真火荡浊”即将盛有茶叶的陶罐放在文火上烘烤，直到壶中茶叶烤出焦赤色，有利于茶香充分散发和茶汤滋味浓醇
游龙戏水	“游龙戏水”即正式冲泡之前，先用开水淋壶、杯一周，借以提高壶、杯温度（普洱茶所要求的冲泡温度比较高，以 100 ℃为宜），以免壶、杯温度过低而影响茶汤的质量
悬壶高冲	“悬壶高冲”即用新鲜洁净的山泉水来泡茶，提壶手法采用悬壶高冲，将水缓缓注入紫砂壶中，壶口出现一层白色泡沫，要用壶盖将其轻轻抹去，使茶汤清澈洁净。紧接着加盖，再用沸水浇淋壶盖
凤凰行礼	将紫砂壶中的普洱茶汤以“凤凰点头”的姿势在火上烘烤煎煮，象征着向客人行礼致意
玉液移壶	“玉液移壶”即把泡好的茶汤先倒入公道杯中。茶汤红浓明亮，油光显现，赏心悦目。茶汤向杯中倒时宜低斟，可避免茶香味过多地散发
普降甘露	“普降甘露”指取其精华均分之意。俗语说“酒满敬人，茶满欺人”，分茶以七分为满，留有三分茶情。将公道杯中的茶汤均匀地分到每个杯中
点水留香	茶汤快倒至七分满时，可放慢倒茶的速度，将茶汤慢慢地点到每个品茗杯中，以使每杯茶汤浓淡一致
敬奉香茗	将品茗杯放在茶托中，由泡茶者举杯齐眉，一一奉给客人。静观汤色，普洱茶汤红浓透亮，茶汤表面似有若无地盘旋着一层白色雾气，称之为“沉香雾”
三龙护鼎	用食指和拇指轻握杯沿，中指轻托杯底，意为“三龙护鼎”。女士翘起兰花指，寓意温柔大方，男士则收回尾指，寓意做事有头有尾、成熟稳健
品香审韵	普洱茶香不同于普通茶，普通茶的香气固定于一定范围内，如龙井茶有鲜香，铁观音有兰花香，红茶有蜜香，但普洱茶之香却永无定性、变幻莫测。即使是同一种茶，在不同的年代、不同的场合、不同的心境，由不同的人冲泡出来，味道都会不同。普洱茶香气独特，品种多样，有樟香、兰香、荷香、枣香、糯米香等
初品奇茗	“品”字由三“口”组成，第一“口”可用舌尖细细品味普洱茶特有的醇、活、化；第二“口”可用牙齿轻轻咀嚼普洱茶，感受其特有的顺滑绵厚和微微粘牙的感觉；最后一“口”可用喉咙体会普洱茶生津顺柔的感觉
尽杯谢茶	起身喝尽杯中的茶，以感谢茶人与大自然的恩赐。让我们以茶为纽带加深彼此友谊，相约美好明天

赛证直通

基础知识部分

选择题

1. 将盛有茶叶的陶罐放在文火上烘烤属于（　　）程序。

A. 相思血泪　　B. 真火荡浊　　C. 落英缤纷　　D. 普降甘露

2. 将泡好的普洱茶汤先倒入公道杯中，此道程序为（　　）。

A. 普洱入宫　　B. 凤凰行礼　　C. 玉液移壶　　D. 普降甘露

判断题

将公道杯中的普洱茶汤均匀地分到每个杯中，被喻为“玉液移壶”。（　　）

简答题

1. 表演普洱茶艺的准备工作主要包括哪几个方面？
2. 冲泡普洱茶的水温和时间分别是多少？
3. 如何用紫砂壶冲泡普洱茶？

操作技能部分

内容（表 32.2）

表 32.2　操作技能考核内容

考核项目	考核标准
备器洁具	准确掌握温壶的方法。要求动作规范、熟练
紫砂壶冲泡普洱茶	准确掌握用紫砂壶冲泡普洱茶的方法。要求动作规范、熟练，时间把握准确，茶席设计美观、简洁，体现云南地方特色，熟悉解说词，茶艺操作连贯、自然、美观

方式

实训室操作普洱茶茶艺表演。

第三十三专题
福州茉莉花茶

学习目标

- 知识目标：了解花茶基本知识。
- 能力目标：掌握花茶冲泡基本流程和一般技法；熟练掌握用盖碗冲泡花茶的基本方法；具备中高级茶艺师茶艺服务、茶席设计及茶艺表演能力。
- 素养目标：培养对福州茉莉花茶工艺特点、地方文化的认知和茶艺实践能力，创新完善主题丰富的茉莉花茶茶艺表演。

基础知识

花茶是我国极具特色和富有诗意的一种再加工茶类。生产花茶的茶坯主要是烘青绿茶，也有少量的其他茶类。花茶主要是将经过精制的烘青绿茶再经窨制而成。所用的花主要有茉莉、珠兰、桂花、玫瑰等。干茶外形细嫩匀净，色泽翠绿，白毫显，花香纯正馥郁，茶汤清澈明亮、呈黄绿色，滋味醇和鲜爽，沁人心脾。我国名优花茶主要有茉莉花茶、桂花龙井茶、金银花茶等。花茶冲泡方法主要是盖碗冲泡。福州茉莉花茶历史悠久，其采摘、生产、制作在宋代历史文献中便有记载，在清代被列为皇室贡品茶。福州茉莉花茶外形圆紧重实、匀整，内质香气鲜浓，滋味醇厚，汤色黄亮，叶底肥厚。

表演技能

准备工作

茶叶质量检查

以茉莉银针花茶为例，要求干茶外形细嫩如针，匀齐挺直，白毫满披，色泽翠绿隐白，香气鲜灵浓郁，茶叶干燥，密封性好。

备器

表演茉莉花茶茶艺需要的茶叶及茶具有：茉莉银针花茶 10 g、竹制（或木制）茶盘、青花瓷盖碗 3 只、茶叶罐、青花瓷茶荷、茶匙、玻璃提梁壶、随手泡（煮水器）、水盂、茶巾。将准备好的盖碗整齐摆放在茶盘上，摆放时既要美观又要便于取用。为宾客准备松软可口的精美茶点，做好茶室环境整理和艺术设计。

茶席设计

茉莉花茶茶艺要求营造清新、典雅的品茶氛围。茶室内环境设计应表现清新、淡雅的主题。室内焚点檀香，摆放茶艺插花（如茉莉花、栀子花、山茶花等），播放中国古典音乐（如《茉莉花》《出水莲》等），以江南水乡题材的国画作为背景画。茶桌及铺垫设计简单、素雅，以青花风格为主；茶艺师身着清新、淡雅的服装（以青花、乳白、浅绿、浅粉色的旗袍为主），配以淡雅的妆容，展现江南水乡的优美景色和茶人追求自然、返璞归真的田园诗意。如图 33.1。

图 33.1　花茶茶艺表演及茶席设计

煮水候汤

冲泡茉莉花茶要求水温为 85 ℃左右，应将水烧好再注入青花瓷壶（或玻璃壶）中凉汤备用。

温杯洁具

冲泡茉莉花茶要求选用青花瓷盖碗，冲泡前应先用热水烫洗盖碗，以利于提高盖碗温度、散发茶香和鉴赏汤色。

操作手法

所需物品

茉莉银针 10 g、青花瓷茶壶或青花瓷盖碗、青花瓷壶或随手泡（煮水器）、茶叶罐、青花瓷茶荷、茶匙、茶巾、水盂或茶盘。

基本手法与姿势

- 冲泡时，茶艺师坐在茶桌一侧，与宾客面对面。
- 面带微笑，表情自然；举止端庄、文雅。
- 右手在上，双手虎口相握呈“八”字形，平放于茶巾上。
- 双手向前合抱捧取茶叶罐、茶道组、花瓶等立放物品。掌心相对捧住物品基部平移至需要位置，轻轻放下后双手收回。
- 盖碗端杯手势是左手托起盖碗茶托，右手中指、食指、拇指点压盖碗的盖钮，将杯盖轻轻向前掀开一条缝隙，适于观色、闻香和品饮。
- 高冲水的手法沿用花茶冲泡的基本手法。

基本要求

- 选用青花瓷盖碗利于展示清新淡雅的茉莉花茶韵味。
- 冲泡前先检查茶具数量、质量，并用开水烫洗茶杯，起到温杯洁具的作用。
- 用 85 ℃水冲泡茉莉花茶，有利于感受其纯正香气和鲜爽滋味。
- 每杯投茶量为 3 g，冲泡后在 5 min 内饮用为好，时间过长或过短都不利于茶香散发、茶汤滋味辨别。
- 盖碗冲泡茉莉花茶适用“下投法”置茶方法。
- 冲泡茉莉花茶注水量一般到七分满为宜。
- 一般茉莉花茶可续水 3 ~ 4 次。冲泡次数越多，茶叶营养物质释出越少，每泡茶闷茶时间应比前一次有所延长。

用水要求

- 水温要求：冲泡茉莉花茶的水温视茶坯种类而定。茉莉银针宜用 85 ℃水温的初沸泉水冲泡。
- 茶与水比例：一般每杯投茶 3 g，冲入 85 ℃水 150 ml，茶与水比例为 1 ∶ 50 。

表演流程

基本程序

- 备器：准备好冲泡茉莉花茶使用的茶具和辅助用具。
- 赏茶：用茶匙将茶叶罐中的茉莉花茶轻轻拨入茶荷中供宾客观赏。
- 洁具：左手依次开盖，将杯盖插入盖碗左侧与杯托间的缝隙中，右手提开水壶依次向盖碗内注入 1/3 容量的开水，盖上杯盖，右手将盖碗端起，轻轻旋转 3 圈后将杯盖掀开一条缝隙，从盖碗与杯盖间的缝隙中将开水倒入水盂。
- 置茶：用茶匙将茶荷中的茉莉花茶轻轻拨入盖碗中，每杯 3 g 茶叶。
- 温润泡：用内旋法将玻璃提梁壶中的开水沿盖碗内壁慢慢注入盖碗至 1/3 的容量。

◢ 冲泡：用高冲水的方法悬壶高冲，使茶叶上下翻滚，开水以注入至七分满为宜。

◢ 奉茶：双手持碗托，将茶奉给宾客，并行点头礼邀请来宾用茶。

茶艺表演——福州茉莉花茶

茶艺解说（表 33.1）

表 33.1 福州茉莉花茶茶艺解说程序及解说词

程序	解说词
烫杯——春江水暖鸭先知	花茶是诗一般的茶，她融茶之韵与花之香于一体，"引花香，增茶味"，花香、茶味珠联璧合，相得益彰。"竹外桃花三两枝，春江水暖鸭先知"是苏东坡的一句名诗。苏东坡不仅是一个多才多艺的大文豪，而且是一个至情至性的茶人。借用苏东坡的这句诗描述烫杯——在茶盘中经过开水烫洗之后，冒着热气、洁白如玉的茶杯，有如在春江中游泳的小鸭子
赏茶——香花绿叶相扶持	赏茶也称"目品"。"目品"是花茶三品（目品、鼻品、口品）中的头一品。观察鉴赏花茶茶坯的质量，观察茶坯的品种、工艺、细嫩程度。今天请大家品的是特级茉莉花茶，茶坯为优质绿茶，茶坯色绿质嫩，茶中的茉莉花干，色泽白净明亮，可谓"锦上添花"。"香花绿叶相扶持"，极富诗意，令人心醉
投茶——落英缤纷玉杯里	"落英缤纷"是东晋诗人陶渊明在《桃花源记》一文中描述的美景。当用茶导将花茶从茶荷中拨进洁白如玉的茶杯时，花干和茶叶飘然而下，恰似"落英缤纷"
冲水——春潮带雨晚来急	冲泡花茶也讲究"高冲水"。冲泡特级茉莉花茶，要用 85 ℃左右的开水。热水从壶中直泻而下，注入杯中，杯中的花茶随水浪上下翻滚，恰似"春潮带雨晚来急"
闷茶——三才化育甘露美	冲泡花茶一般用"三才杯"，茶杯的盖代表"天"，杯托代表"地"，中间的茶杯代表"人"。茶人认为茶是"天涵之，地载之，人育之"的灵物。闷茶的过程象征着"天""地""人"三才合一，共同化育出茶的精华
奉茶——一杯香茗奉知己	敬茶时应双手捧杯，举杯齐眉，注目嘉宾并行点头礼，然后从右到左，依次一杯一杯地把沏好的茶敬奉给客人，最后一杯留给自己
闻香——杯里清香浮清趣	闻香也称为"鼻品"，这是三品花茶的第二品。品花茶讲究"未尝甘露味，先闻圣妙香"。闻香时"三才杯"的"天""地""人"不可分离，应用左手端起杯托，右手轻轻地将杯盖掀开一条缝，从缝隙中去闻香。闻香，一闻香气的鲜灵度，二闻香气的浓郁度，三闻香气的纯度。细心闻茶香，感悟"天""地""人"的神韵，清悠高雅的茶香，沁人心脾，令人陶醉
品茶——舌端甘苦人心底	品茶是指三品花茶的最后一品——"口品"。在品茶时依然是用左手托杯，右手将杯盖的前沿下压，后沿翘起，然后从开缝中品茶。品茶时应小口喝入茶汤，使茶汤在口腔中稍做停留，通过吸气，使茶汤在舌面流动，以便茶汤充分与味蕾接触，有利于更精细地品悟出茶韵
回味——茶味人生细品悟	茶人们认为，一杯茶中可品人生百味，"啜苦可励志""咽甘思报国"。无论茶是苦涩、甘鲜，还是平和、醇厚，都会有良多的感悟和联想，所以品茶重在回味
谢茶——饮罢两腋清风起	茶是致清导和，使人神清气爽、延年益寿的灵物，只有细细品味，才能感受"两腋习习清风生"的绝妙之处

赛证直通

基础知识部分

选择题

1. 品饮花茶闻香时，第（　　）次主要闻香气的纯度。

A. 1　　B. 2　　C. 3　　D. 4

2. 冲泡茶坯为中档绿茶的茉莉花茶一般用（　　）左右的开水。

A. 80 ℃　　B. 90 ℃　　C. 95 ℃　　D. 100 ℃

3. “香花绿叶相扶持”这道解说词对应的是茉莉花茶茶艺中的（　　）冲泡程序。

A. 赏茶叶　　B. 温润泡　　C. 投茶　　D. 闻香气

4. 茉莉花茶茶艺“杯里清香浮情趣”的寓意是（　　）。

A. 品茶　　B. 回味　　C. 闻香　　D. 润茶

简答题

1. 茉莉花茶茶艺的准备工作主要包括哪几个方面？
2. 茉莉花茶茶艺的环境设计有哪些要求？
3. 如何用盖碗冲泡茉莉花茶？

操作技能部分

内容（表 33.2）

表 33.2　操作技能考核内容

考核项目	考核标准
备器洁具	准确掌握盖碗温杯方法。要求动作规范、熟练
盖碗冲泡茉莉花茶	准确掌握用盖碗冲泡茉莉花茶的方法。要求动作规范、熟练，时间把握准确，茶席设计清新、淡雅，体现江南水乡特色，熟悉解说词，茶艺操作连贯、自然、美观

方式

- 实训室操作茉莉花茶茶艺表演。

第三十四专题 云南白族三道茶

学习目标

- 知识目标：了解云南白族三道茶基础知识。
- 能力目标：掌握云南白族三道茶冲泡基本流程和一般技法；熟练掌握用陶罐调饮冲泡云南白族三道茶的基本方法；具备中高级茶艺师茶艺服务、茶席设计及茶艺表演能力。
- 素养目标：培养对云南白族三道茶茶艺美学和生活哲学的理解与实践能力，在茶艺表演中展示出热情好客的待客礼节。

基础知识

云南白族三道茶是我国云南白族特有的调饮待客茶。在美丽的苍山下、洱海旁，聚居着勤劳勇敢、热情好客的白族人。在白族人家，无论是逢年过节、生辰寿诞、男婚女嫁，还是贵客临门，主人都会以“一苦二甜三回味”的三道茶来款待来宾。白族的三道茶是民俗茶艺中的奇葩，文化内涵厚重、寓意深远，预示着人们先苦后甜，生活幸福美满，吉祥如意。云南白族三道茶主要是用陶罐或紫砂壶调饮冲泡。茶艺表演中应注意将茶叶冲泡和民族饮茶习俗、待客礼节结合起来。

表演技能

准备工作

茶叶质量检查

云南白族三道茶选用云南当地绿茶调饮而成。干茶要求外形细嫩如针，匀齐挺直，色泽苍绿，香气清鲜悠长，茶叶干燥，密封性好。

备器

云南白族三道茶茶艺需要的茶叶及茶具有：云南大理绿茶 10 g、茶叶罐、竹制（或木制）茶盘、陶罐、茶巾、白瓷茶碗、红糖、花生、瓜子、核桃、蜂蜜、花椒、桂皮、调味碟、汤匙、风炉、随手泡（煮水器）、托盘。将准备好的茶具整齐摆放在茶盘上，摆放时既要美观又要便于取用。为宾客品茶准备精美茶点，做好茶室清洁和环境设计服务。

茶席设计

云南白族三道茶茶艺要求营造自然、亲切的品茶氛围。茶室内环境设计应体现自然纯朴的云南大理白族风情。茶艺过程中，可进行云南少数民族歌舞表演，播放云南省独特的葫芦丝音乐（如《蝴蝶泉边》《月光下的凤尾竹》等）。室内布置可以云南大理风光为题材的国画作为背景，摆放茶艺插花（如凤尾竹、蝴蝶兰等）。茶艺师穿着云南白族传统民族服饰，展现我国少数民族人民热爱自然和生活、热情好客的饮茶习俗。茶艺表演及茶席设计如图 34.1 所示。

煮水候汤

冲泡云南白族三道茶所用到的茶叶是云南大叶种绿茶，要求冲泡茶的水温为 85 ℃左右，应将水烧沸晾凉备用。

温杯洁具

冲泡云南白族三道茶要求选用陶罐和陶碗（紫砂壶亦可），冲泡前应先用热水烫洗陶罐和茶碗，有利于提高茶具温度和散发茶叶香气。如图 34.2 所示。

图 34.1　白族三道茶茶艺表演

图 34.2　冲泡云南白族三道茶的主要茶具

操作手法

所需物品

云南绿茶 10 g、茶叶罐、竹制（或木制）茶盘、陶罐、茶巾、茶碗、红糖、花生、瓜子、核桃、蜂蜜、花椒、调味碟、汤匙、风炉、随手泡（煮水器）、托盘。

基本手法与姿势

- 冲泡时，茶艺师坐在茶桌一侧，与宾客面对面。
- 面带微笑，表情自然；茶艺师身着白族传统民族服装，佩戴白族头饰，上身挺直，站立。可以适当增加云南白族歌舞活动。
- 双手虎口相握呈“八”字形，交握于腹前。
- 双手向前合抱捧取茶叶罐、茶道组、花瓶等立放物品。掌心相对捧住物品基部平移至需要位置，轻轻放下后双手收回。
- 双手提握于陶罐柄处轻轻转动陶罐，使其均匀受热。
- 高冲水的手势是左手平放在茶巾上，右手四指与拇指分别握住开水壶壶把两侧，将开水壶提高后向下倾斜 45° 使开水均匀注入陶罐，当开水注入罐内约 1/3 容量时慢慢降低提壶高度，回旋低斟。

基本要求

- 选用陶罐冲泡云南白族三道茶。
- 冲泡前先检查茶具数量、质量，并用开水烫洗陶罐、茶碗，起到温杯洁具的作用。
- 用 85 ℃水冲泡云南白族三道茶，有利于感受其纯正香气和鲜爽滋味。
- 投茶量约为 8 g，冲泡后在 5 min 内饮用为好，时间过长、过短都不利于茶香散发及茶汤滋味辨别。
- 云南白族三道茶在冲泡前应加热陶罐，再将干茶投入陶罐内烘烤，待茶叶烤至焦黄发香时，冲入少量开水，待罐中发出噼啪响声时再冲进开水，煮沸一会儿再将茶斟入茶碗中。
- 云南白族三道茶斟茶量一般到七分满为宜。
- 云南白族三道茶适用于调饮，每杯茶的配料不同会产生不同的滋味，一般奉茶三次。第一道奉“清苦茶”，第二道奉“甜茶”，第三道奉“回味茶”。

用水要求

- 水温要求：冲泡云南白族三道茶宜用 85 ℃水温的泉水。
- 茶水比例：一般一次投茶 8 g，冲入 85 ℃水 400 ml，茶与水比例为 1 ∶ 50 。

表演流程

基本程序

- 备器：准备好冲泡云南白族三道茶使用的茶具、辅助用具和调饮三道茶的所需配料。
- 赏茶：用茶匙将茶叶罐中的云南白族三道茶所用茶叶轻轻拨入茶荷中供宾客观赏。
- 洁具：用开水将陶罐、茶碗一一烫洗，而后将水倒入水盂。

- 置茶：先加热陶罐，再用茶匙将茶荷中的茶叶轻轻拨入陶罐内烘烤，一般投放 8 g 茶叶。
- 温润泡：待茶叶烤至焦黄并散发香味时，冲入少量开水。
- 冲泡：待罐中发出噼啪响声时再提壶高冲水，使茶叶上下翻滚，稍煮片刻再往茶碗中斟茶。
- 奉茶：双手持茶托，将茶碗奉给宾客并行点头礼，右手向外翻做“请”的手势邀请来宾品茶。调入配料后的第二道茶和第三道茶用同样的方法奉茶。

茶艺解说（表 34.1）

表 34.1　白族三道茶茶艺解说程序及解说词

程序	解说词
备器迎宾	云南大理白族的三道茶是民俗茶艺中的奇葩，文化内涵厚重、寓意深远，是白族传统的待客习俗，表达对宾客最真挚的祝福。首先将泡三道茶的干净茶具等器皿准备好，伴着优美动听的云南葫芦丝音乐声，两位白族茶艺师向您走来并行礼致敬，真诚欢迎宾客的到来，向宾客介绍冲泡白族三道茶使用的茶叶和茶具
第一道茶——清苦茶	白族语称为“切枯早”，即清苦的意思。烹制苦茶时先把专用的小陶罐放在文火上烤热，然后放入茶叶再慢慢地烤到焦黄发香，再冲入开水略煮一会儿，清香四溢的“清苦茶”就煮好了
奉清苦茶	请客人品“苦茶”很有讲究。品苦茶用的茶杯很小，称为牛眼睛盅。斟茶只斟到小半杯，谓之“酒满敬人，茶满欺人”。当茶艺师用双手把苦茶敬献给客人时，客人也必须双手接茶，并一饮而尽。头道茶经过烘烤、煎煮，茶汤色如琥珀，香气浓郁，但入口却很苦，寓意人生道路的艰难曲折。不要怕苦，一饮而尽，您会觉得香气浓郁，苦有所值
第二道茶——甜茶	事先准备好的茶碗里放有红糖、花生、核桃仁，将煮好的清苦茶倒入茶碗中至七分满，称为“甜茶”
奉甜茶	双手端茶碗邀请客人品饮甜茶。茶香甜爽口、浓淡适中，品饮时要搅匀，边引边嚼，味甜而不腻，寓意生活有滋有味、苦尽甘来
第三道茶——回味茶	将一满匙蜂蜜和 3 ~ 5 粒花椒放入碗中，注入清苦茶，斟茶至茶碗七分满，搅拌均匀，使五味均衡
奉回味茶	双手端茶碗邀请客人品饮回味茶，甘、苦、麻、酸诸味俱全，回味无穷，寓意“一苦二甜三回味”的人生哲理
尽杯谢茶	品饮白族三道茶后，预示着大家先苦后甜，未来的生活幸福美满、吉祥如意。茶艺表演者向宾客敬茶以表谢意，向来宾抛送“糖果锦囊”，祝福来宾生活幸福、事业顺利

赛证直通

基础知识部分

选择题

在云南白族三道茶茶艺表演时，往事先备好放有红糖、花生、核桃仁的茶碗中倒入煮好的茶至七分满，称为（　　）

A. 清苦茶　　B. 酸甜茶　　C. 甜茶　　D. 回味茶

判断题

1. 云南白族三道茶茶室环境应体现自然纯朴，以云南大理白族风情为主题。（　　）
2. 云南白族三道茶的顺序是甜茶、清苦茶、回味茶。（　　）

简答题

1. 云南白族三道茶茶艺的准备工作主要包括哪几个方面？
2. 云南白族三道茶茶艺的基本程序有哪些？
3. 如何用陶罐冲泡云南白族三道茶？

操作技能部分

内容（表 34.2）

表 34.2　操作技能考核内容

考核项目	考核标准
备器洁具	准确掌握陶罐预热和烘烤茶叶的方法。要求动作规范、熟练
陶罐冲泡云南白族三道茶	准确掌握用陶罐冲泡云南白族三道茶的表演方法。要求动作规范、熟练、美观，时间把握准确，茶席设计美观，体现少数民族特色，熟悉解说词，茶艺操作连贯、自然、美观

方式

- 实训室操作白族三道茶茶艺表演。

第三十五专题

福建安溪铁观音

学习目标

- 知识目标：了解铁观音基础知识。
- 能力目标：掌握铁观音冲泡基本流程和一般技法；熟练掌握铁观音茶艺的基本方法；具备中高级茶艺师茶艺服务、茶席设计及茶艺表演能力。
- 素养目标：培养对闽南工夫茶的学习与实践能力，结合地方饮茶习俗创新完善铁观音茶艺的表演及内涵解说。

基础知识

福建省是中国乌龙茶的原产地，福建安溪铁观音是乌龙茶的杰出代表，产自福建泉州安溪县。铁观音茶因沉重似铁，形美如观音而得名，其制作和冲泡技艺形成于清代。铁观音外形卷曲呈螺形，肥壮圆结，沉重匀整，色泽砂绿油润，呈蜻蜓头、螺旋体、青蛙腿，干茶表面略带白霜，汤色金黄清澈，香高持久，滋味醇厚甘鲜，回味悠长，有“香、清、甘、活”的品质特征。叶底软亮，素有“绿叶红镶边”“七泡有余香”的美誉，深受广大消费者喜爱。冲泡铁观音的方式有白瓷壶冲泡和盖碗冲泡。

表演技能

准备工作

茶叶质量检查

福建安溪铁观音，干茶外形应卷曲呈螺形，均匀、沉重，色泽砂绿油润，略带白霜，香气馥郁悠长，茶叶干燥，密封性好。

备器

表演铁观音茶艺需要的茶叶及茶具有：安溪铁观音茶叶 8 g、小型白瓷壶或盖碗 1 件、白瓷品茗杯 6 个、白瓷公道杯、圆形瓷质茶盘、茶叶罐、白瓷茶荷、茶道组、随手泡（煮水器）、茶巾。将准备好的茶壶、茶杯呈弧形整齐摆放在茶盘上，摆放时既要美观又要便于取用。

茶席设计

铁观音茶艺要求营造幽静、典雅的品茶氛围。茶室环境设计应表现自然、幽静的主题。通过焚点檀香、茶艺插花（如兰花、水仙等）、播放中国古典音乐（如《高山流水》《行云流水》等），以福建安溪茶乡的自然风光或闽南人民的生活习俗为题材的国画背景画，以及茶艺师端庄、典雅的服装（以传统旗袍为主）、发式、化妆等仪容仪表修饰，展现茶人崇尚自然、宁静、文雅的品茶意趣。茶艺师形象设计如图 35.1 所示。

图 35.1　铁观音茶艺师形象设计

煮水候汤

冲泡铁观音要求水温为 95 ～ 100 ℃，使用随手泡（煮水器）将山泉水烧沸备用。

温杯洁具

冲泡铁观音要求选用洁白、细腻、精美的白瓷小壶（白瓷盖碗亦可）和白瓷品茗杯，冲泡前应先用沸水烫洗茶壶、茶杯，以利于提高茶壶和茶杯的温度、散发茶香及鉴赏汤色。

操作手法

所需物品

铁观音茶叶 8 g、白瓷壶、白瓷公道杯、白瓷品茗杯、玻璃提梁壶、随手泡（煮水器）、茶叶罐、茶荷、茶道组、茶巾、滤网、盖置、水盂或茶盘、茶托。

基本手法与姿势

- 冲泡时，茶艺师坐在茶桌一侧，与宾客面对面。
- 面带微笑，表情自然；举止端庄、文雅，上身挺直，双腿并拢正坐或双腿向一侧斜坐。
- 双手虎口相握呈“八”字形，平放于茶巾上。

- 双手向前捧取茶叶罐、茶道组、花瓶等立放物品。掌心相对捧住物品基部平移至需要位置，轻轻放下后双手收回。
- 提壶手势是右手拇指、中指握住壶把两侧，食指前伸点按住壶钮（以露出壶钮气孔为宜），其余手指收拢并抵住中指，抬腕提壶。
- 高冲水的手法沿用乌龙茶冲泡基本手法。
- 温壶的手势是左手拇指、食指、中指按住壶钮，揭开壶盖将茶壶盖放在茶盘内茶壶左侧盖置上，右手提随手泡按逆时针方向沿壶口低斟注水，至茶壶容量的1/2时及时断水，将随手泡轻放回原处，加盖。右手提壶按逆时针方向轻轻旋转手腕，使壶身充分预热后将瓷壶内热水倒入水盂或茶盘。
- 洗杯的手势是将品茗杯依次相连摆放成"一"字或弧形，利用头泡冲出的热水用巡回斟茶法向品茗杯内注水，由外向内双手同时端起茶杯轻轻旋转后再将杯内热水倒入水盂或茶盘。

基本要求

- 选用质地细腻的白瓷壶（或盖碗）和品茗杯利于鉴赏茶汤颜色。也可选用白瓷盖碗和品茗杯。
- 冲泡前先检查茶具数量、质量，用正确手法烫洗茶壶和茶杯，起到温杯洁具的作用。
- 用 95 ~ 100 ℃沸水冲泡铁观音有利于感受其纯正香气和醇厚滋味。
- 瓷壶投茶量为 6 ~ 8 g，约为茶壶容量的 1/3，冲泡后在 5 min 内饮用为好，时间过长或过短都不利于茶香散发、茶汤滋味辨别。
- 冲泡时注意煮水器壶口不应朝向宾客，手势一般采用内旋法。
- 温润泡后的茶汤应迅速倒掉或用来洗杯。
- 铁观音冲泡好后，用公道杯盛放茶汤，并用巡回斟茶和点茶的手法将茶汤依次注入品茗杯。
- 斟茶量一般以每杯七分满为宜。
- 一般铁观音可续水 6 ~ 7 次。冲泡次数越多，茶叶营养物质释出越少，每泡茶闷茶时间应比前一次有所延长。
- 品饮者可先闻香，再小口品啜茶汤。

用水要求

- 水温要求：冲泡铁观音要用 95 ~ 100 ℃水温的山泉水。
- 茶水比例：一般每壶投茶 6 ~ 8 g（约占茶壶容量的 1/3），冲入沸水，茶与水比例约为 1：20。

表演流程

基本程序

- 备器：准备好冲泡铁观音使用的茶具和辅助用具。
- 赏茶：用茶匙将茶叶罐中的铁观音轻轻拨入茶荷供宾客观赏。
- 温壶：品茗杯依次排列并向瓷壶内注入 1/2 容量的开水，轻轻摇晃白瓷壶，待充分预热后将热水倒入水盂。
- 置茶：用茶匙将茶荷中铁观音轻轻拨入白瓷壶中，投茶量为 6 ~ 8 g。
- 温润泡：用内旋法将开水壶中开水沿茶壶内壁慢慢注入茶壶至壶满，用壶盖轻轻刮去茶汤表面的泡沫，加盖后再迅速（约 15 s）将茶汤倒入公道杯中用于洗杯。
- 冲泡：用"凤凰三点头"方法提壶高冲水，使茶叶上下翻滚，开水应注满茶壶至壶口，用"春风拂面"的手法轻轻刮去茶汤表面的泡沫，使茶汤清澈洁净。

茶艺表演——福建安溪铁观音

茶艺解说（表 35.1）

表 35.1　福建安溪铁观音茶艺解说程序及解说词

程序	解说词
神入茶境	铁观音产自福建安溪，因沉重似铁，形美如观音而得名。其制作和冲泡技艺形成于清代。铁观音是乌龙茶中的珍品，外形呈圆球状，香高味醇，齿颊留香回甘，素有"七泡有余香"之美誉，具有独特的韵味 "神入茶境"即通过焚点檀香来营造祥和、温馨的品茶氛围，达到品饮者心平气静的目的
烹煮泉水	沏茶择水最为关键，水质不好会直接影响茶的色、香、味，只有用好水，茶味才美。冲泡安溪铁观音，烹煮的水温达到 95 ~ 100 ℃，最能体现铁观音的独特韵味
沐霖瓯杯	"沐霖瓯杯"也称"温壶烫杯"，先洗盖瓯再洗茶杯，使瓯杯保持一定的温度，既卫生，又起到消毒作用
观音入宫	用茶匙和茶漏把铁观音投入盖瓯
悬壶高冲	提起水壶先低后高冲入开水，使茶叶随水翻滚而充分舒展
春风拂面	左手提起瓯盖，轻轻在瓯面上绕一圈将泡沫刮去，右手提起水壶把瓯盖上的泡沫冲净
瓯面酝香	铁观音茶采用半发酵制作，生长环境得天独厚，制作技艺精湛，素有"绿叶红镶边，七泡有余香"之美称，具有防癌、抗衰老、降血脂等特殊功效。冲泡乌龙茶须加盖静置 1 分钟，这样才能充分释放其独特的香和韵。冲泡时间太短，则色、香、味显不出来，太长则会有"熟汤味"
三龙护鼎	斟茶时，右手拇指、中指夹住瓯杯边沿，食指按住瓯盖顶端，提起瓯盖把茶水倒出，三根手指意喻为龙，盖瓯如鼎，故称"三龙护鼎"

续表

程序	解说词
行云流水	提起盖瓯，沿茶盘边沿绕一圈，把瓯底的水刮掉，防止瓯外的水滴入杯中
观音出海	“观音出海”也称“关公巡城”，把茶水依次巡回斟入各茶杯，斟茶时应低行
点水留香	“点水留香”也可称“韩信点兵”，就是斟茶到最后，瓯底最浓的部分要均匀地滴入各杯，达到浓淡均匀、香醇一致
敬奉香茗	双手端起茶盘，彬彬有礼地向各位嘉宾敬献香茗
鉴赏汤色	品饮铁观音首先要观其色，即鉴赏汤色。名优铁观音的汤色清澈、金黄、明亮，让人赏心悦目
细闻幽香	请细闻铁观音的茶香。铁观音有天然兰花香、桂花香，香气四溢，让人心旷神怡
品啜甘露	请品啜铁观音的韵味。铁观音有一种特殊的韵味，您细啜一口含在嘴里，慢慢送入喉中，顿时觉得满口生津、齿颊留香，六根开窍清风生，飘飘欲仙最宜人

赛证直通

基础知识部分

选择题

1. 铁观音茶艺流程中的“瓯面酝香”是指（　　）

A. 润茶　　B. 加盖静置　　C. 分茶　　D. 洗茶

2. 铁观音茶艺表演中的“观音出海”也称（　　）

A. 韩信点兵　　B. 关公巡城　　C. 行云流水　　D. 祥龙行雨

3. 安溪铁观音的品质特点：外形条索（　　），呈青蒂绿腹蜻蜓头状。

A. 卷曲、壮结、重实　　B. 紧结、乌润

C. 壮结、光滑　　D. 紧结、重实

判断题

“神入茶镜”即通过焚点檀香来营造祥和、温馨的品茶氛围，达到品饮者心平气静的目的。（　　）

简答题

1. 铁观音茶艺的准备工作主要包括哪几个方面？
2. 铁观音茶艺的操作要求有哪些？
3. 如何用盖碗冲泡安溪铁观音？

操作技能部分

内容（表 35.2）

表 35.2　操作技能考核内容

考核项目	考核标准
备器洁具	准确掌握白瓷壶（或盖碗）温壶（温杯）方法。要求动作规范、熟练
瓷壶冲泡铁观音	准确掌握用白瓷壶冲泡铁观音的基本方法。要求动作规范、熟练、美观，时间把握准确，茶席设计简洁、美观，熟悉解说词，茶艺操作连贯、自然、美观

方式

- 实训室操作铁观音茶艺表演。

第三十六专题
清宫廷三清茶

学习目标

- 知识目标：了解三清茶的基础知识。
- 能力目标：掌握清宫廷三清茶冲泡基本流程和一般技法；熟练掌握宫廷三清茶茶艺的操作方法；具备中高级茶艺师茶艺服务、茶席设计及茶艺表演能力。
- 素养目标：培养对清代宫廷茶文化的理解与实践创新能力，结合中华传统文化的养生理念对宫廷三清茶茶艺表演及解说内涵进行创新、发展。

基础知识

三清茶是以清代宫廷生活为背景而创立的形式独特的茶艺。三清茶以清代乾隆皇帝喜爱的狮峰龙井为主料，佐以梅花、松子仁、佛手冲泡而成。乾隆皇帝很喜爱“三清茶”，并常用三清茶恩赐群臣，意在教化群臣“为官要清廉，为政要清明，为人要清白”。三清茶茶艺适用盖碗调饮冲泡法。

表演技能

准备工作

茶叶质量检查

三清茶茶艺宜选用西湖龙井茶。干茶要求外形光扁平直，匀齐挺直，色泽黄绿，香气鲜爽清新；茶叶干燥，包装密封性好。

备器

表演三清茶茶艺需要的茶叶和茶具有：西湖龙井茶 15 g、竹制（或木制）茶盘、九龙细瓷盖碗 1 件、景德镇粉彩盖碗 3 件、精细瓷壶 1 件、精细瓷碟 3 件、刻龙纹茶叶罐、青花瓷茶荷、茶匙、玻璃提梁壶、煮水器（带火炉）、托盘 2 个、水盂、茶巾。将准备好的盖碗整齐摆放在茶盘上，摆放时既要美观又要便于取用。

茶席设计

宫廷三清茶茶艺要求营造高贵、祥和、典雅的宫廷品茶氛围。茶室环境设计应表现宫廷、尊贵的主题，通过焚点檀香、茶艺插花（如牡丹）、播放中国古典音乐（如《高山流水》《汉宫秋月》等），以宫廷壁画为背景，以及茶艺师端庄、典雅、宫廷风格的服装、发式、化妆等仪容仪表修饰，展现宫廷茶人高贵典雅、注重礼仪的独特气质。如图 36.1 所示。

图 36.1　三清茶茶艺表演

煮水候汤

冲泡三清茶要求水温为 80 ℃左右，应将水烧好再注入玻璃壶中凉汤备用。

温杯洁具

宫廷三清茶茶艺要求选用瓷质盖碗，冲泡前应先用热水烫洗盖碗，以利于提高盖碗温度、散发茶香和鉴赏汤色。

操作手法

所需物品

西湖龙井茶 15 g、竹制（或木制）茶盘、九龙细瓷盖碗 1 件、景德镇粉彩盖碗（黄釉为主）3 件、龙纹精细瓷壶 1 件、精细瓷碟 3 件、刻龙纹茶叶罐、青花瓷茶荷、茶匙、玻璃提梁壶、煮水器（带火炉）、托盘 2 个、水盂、茶巾。

基本手法与姿势

- 冲泡时，茶艺师坐在茶桌一侧，与宾客面对面。
- 面带微笑，表情自然；身着整洁、典雅的宫廷旗袍，着淡妆，上身挺直，站立。
- 右手在上，双手虎口相握呈“八”字形，平放于茶巾上。
- 双手向前合抱捧取茶叶罐、茶道组、花瓶等立放物品。掌心相对捧住物品基部平移至需要位置，轻轻放下后双手收回。
- 盖碗端杯手势是左手托起盖碗茶托，右手中指、食指、拇指点压盖碗的盖钮，将杯盖轻轻向前掀开一条缝隙，适于观色、闻香和品饮。
- 高冲水的基本手法与盖碗冲泡绿茶技法一致。

基本要求

- 选景德镇粉彩盖碗用于三清茶冲泡有利于蕴香、奉茶及展现宫廷风格。
- 冲泡前先检查茶具数量、质量，并用开水烫洗盖碗，起到温杯洁具的作用。
- 用 80 ℃水冲泡三清茶有利于感受其纯正香气和鲜爽滋味。
- 每杯投茶量 3 g，冲泡后在 5 min 内饮用为好，时间过长或过短都不利于茶香散发、茶汤滋味辨别。
- 盖碗冲泡三清茶适用“下投法”置茶方法。
- 分别向盖碗中放入梅花、佛手、松子仁，寓意清廉、祥和。
- 冲泡三清茶注水量一般到七分满为宜。
- 一般三清茶可续水 3 ~ 4 次。冲泡次数越多，茶叶营养物质释出越少，每泡茶的闷茶时间应比前一次延长 15 s。

用水要求

- 水温要求：三清茶调饮冲泡宜用 80 ℃水温的初沸泉水。
- 茶水比例：一般每杯投茶 3 g，冲入沸水 150 ml，茶与水比例为 1∶50 。

表演流程

基本程序

- 备器：准备好冲泡三清茶使用的茶具、辅助用具及配料。
- 赏茶：用茶匙将茶叶罐中的龙井茶轻轻拨入茶荷中供宾客观赏。
- 洁具：左手依次开盖，将杯盖插入盖碗左侧与杯托间的缝隙中，右手提开水壶依次向盖碗内注入开水至 1/3 的容量，盖上杯盖，右手将盖碗端起，轻轻旋转 3 圈后将杯盖掀开一条缝隙，从盖碗与杯盖的缝隙将开水倒入水盂。
- 置茶：用茶匙将茶荷中的龙井茶轻轻拨入盖碗中，每杯 3 g 茶叶。
- 温润泡：用内旋法将玻璃提梁壶中的开水沿盖碗内壁慢慢注入盖碗至 1/3 的

容量。

- 冲泡：用高冲水的方法提壶高冲，使茶叶上下翻滚，开水应注入至七分满。
- 奉茶：双手持碗托，将茶奉给宾客，行宫廷礼仪邀请来宾用茶。

茶艺解说（表 36.1）

表 36.1　茶艺解说程序

程序	解　说　词
焚香备器迎三清	备具。宫廷三清茶茶艺是以清代宫廷生活为背景而创立的形式独特的茶艺。三清茶以乾隆皇帝最爱喝的狮峰龙井为主料，佐以梅花、松子仁和佛手。梅花香清、形美、性高洁，五个花瓣象征五福，也预示着当年五谷丰登。松子仁洁白如玉，清香爽口，松树长寿，不怕严寒，象征着事业永远兴旺。佛手与“福寿”谐音，象征着福寿双全
武文火候斟酌间	古时调茶由专职宫女进行，由一位宫女将佛手切成丝投入细瓷壶中，冲入沸水至 1/3 壶时停 5 分钟，再投入龙井茶，然后冲水至壶满。与此同时，另一位宫女用银匙将松子仁、梅花分到各个盖碗中。最后把泡好的佛手、龙井茶冲入各盖碗中。乾隆皇帝在《竹炉精舍烹茶作》一诗中强调：“武文火候斟酌间”，所以，本道程序以此诗句为名
三清香茶奉君前	宫女调好茶后，应由主管太监把皇帝专用的九龙杯放入托盘，双手托过头顶，以跪姿将茶敬奉给“皇帝”。今天邀请大家一起品宫廷贡茶
赐茶愿臣心似水	乾隆在《三清茶联句》的序言中说：“共曰臣心似水，和沁脾诗句同真”，所以这道程序称为“赐茶愿臣心似水”
清茶味中悟清廉	品饮三清茶主要目的不是祈求“五福齐享”“福寿双全”，而是重在从龙井的清醇，梅花的清韵，松子、佛手的清香中去细细品悟一个“清”字，在日常生活中时时注意保持清纯的心性，培养清高的人格
三清香茶谢嘉宾	茶艺表演者向嘉宾敬茶，行宫廷礼仪以表祝福和谢意

赛证直通

基础知识部分

选择题

1. 宫廷三清茶以诗句为名的程序是（　　）。

   A. 共曰臣心似水　　B. 和沁脾诗句同真

   C. 武文火候斟酌间　　D. 清茶味中悟清廉

2. 宫廷三清茶茶艺表演一般以（　　）为主料。

   A. 红茶　　B. 碧螺春　　C. 西湖龙井　　D. 黄山毛峰

3. 古人对泡茶水温十分讲究，认为“水嫩”，茶汤品质（　　）。

A. 茶浮水面、香气低淡　　B. 茶浮水面、香味清高

C. 茶叶下沉、香气低淡　　D. 茶叶下沉、香味馥郁

判断题

宫廷三清茶以梅花、松子仁和佛手为佐料。（　　）

简答题

1. 三清茶茶艺的准备工作主要包括哪几个方面？
2. 三清茶茶艺的环境设计有哪些内容？
3. 如何用盖碗冲泡宫廷三清茶？

操作技能部分

内容（表 36.2）

表 36.2　操作技能考核内容

考核项目	考核标准
备器洁具	准确掌握盖碗温杯方法。要求动作规范、熟练
盖碗冲泡三清茶	准确掌握用盖碗冲泡三清茶的基本方法。要求动作规范、熟练、美观，时间把握准确，茶席设计美观、典雅，体现宫廷风格，熟悉解说词，茶艺操作连贯、自然、美观

方式

实训室操作宫廷茶茶艺表演。

附录
茶艺服务常用英语

茶艺英语词汇

一、茶叶分类专业词汇

tea 茶
green tea 绿茶
black tea 红茶
white tea 白茶
jasmine tea 花茶
dark tea 黑茶
yellow tea 黄茶
non-fermented 不发酵茶
post-fermented 后发酵茶
partially fermented 半发酵茶
complete fermentation 全发酵茶

绿茶分类术语：
steamed green tea 蒸青绿茶
powered green tea 粉末绿茶
silver needle green tea 银针绿茶
lightly rubbed green tea 原形绿茶
curled green tea 松卷绿茶
sword shaped green tea 剑片绿茶
twisted green tea 条形绿茶
pearled green tea 圆珠绿茶

普洱茶分类术语：
age-puer 陈放普洱
pile-fermented puer 渥堆普洱

乌龙茶分类术语：
white oolong 白茶乌龙
twisted oolong 条形乌龙
pelleted oolong 球形乌龙
roasted oolong 熟火乌龙
white tipped oolong 白毫乌龙

红茶分类术语：
unshredded black tea 工夫红茶
shredded black tea 碎形红茶

熏花茶分类术语：
scented green tea 熏花绿茶
scented puer tea 熏花普洱
scented oolong tea 熏花乌龙
scented black tea 熏花红茶
jasmine scented green tea 熏花茉莉

二、制茶工艺词汇

tea bush 茶树丛
tea garden 茶园
tea harvesting 采青
tea leaves 茶青
withering 萎凋
sun withering 日光萎凋
indoor withering 室内萎凋
setting 静置
tossing 搅拌（浪青）
fermentation 发酵
oxidation 氧化
fixation 杀青
steaming 蒸青
stir fixation 炒青
baking 烘青
sunning 晒青
rolling 揉捻
light rolling 轻揉

heavy rolling 重揉
cloth rolling 布揉
drying 干燥
pan firing 炒干
baking 烘干
sunning 晒干
piling 渥堆
refining 精制
screening 筛分
cutting 剪切
shaping 整形
winnowing 风选
blending 拼配
compressing 紧压
re-drying 覆火
aging 陈放
added process 加工
roasting 焙火
scenting 熏花
spicing 调味
tea beverage 茶饮料
packing 包装

三、茶叶名称词汇

white tipped oolong 白毫乌龙
Wuyi rock 武夷岩茶
green blade 煎茶
Huangshan Mountain fuzz tip 黄山毛峰
dragon well 龙井
green spiral 碧螺春
gunpower 珠茶
age cake puer 青沱
pile cake puer 青饼
Junshan Mountain silver needle 君山银针
white tip silver needle 白毫银针
white peony 白牡丹
long brow jade dew 玉露
robe tea 大红袍
cassia tea 肉桂
narcissus 水仙
finger citron 佛手
iron mercy goddess 铁观音
osmanthus oolong 桂花乌龙
ginseng oolong 人参乌龙茶
jasmine tea 茉莉花茶
rose bulb 玫瑰绣球
gongfu black 工夫红茶
smoke black 烟熏红茶
roast oolong 熟火乌龙
light oolong 清茶
Anji white leaf 安吉白茶
Lu'an leaf 六安瓜片
Fenghuang unique bush 凤凰单丛
tea powder 茶粉
fine powder tea 抹茶

四、茶具名称词汇

tea pot 茶壶
tea pad 壶垫
tea plate 茶船
tea pitcher 茶盅
lid saucer 盖置
tea serving tray 奉茶盘
tea cup 茶杯
cup saucer 杯托
cup cover 杯盖
tea towel 茶巾
tea towel tray 茶巾盘
tea holder 茶荷
tea brush 茶拂
timer 定时器
water heater 煮水器
water kettle 水壶
tea cart 茶车
seat cushion 坐垫
tea ware bag 茶具袋
ground pad 地衣
heating base 煮水器底座
tea ware tray 茶托
personal tea set 个人茶道组
tea basin 水盂
brewing vessel 冲泡盅

covered bowl 盖碗
tea spoon 茶匙
tea ware 茶器
thermos 热水瓶
tea caddy 茶叶罐
tea set 茶具
tea table 茶桌
side table 侧柜
tea bowl 茶碗
spout bowl 有流茶碗

warm pitcher 温盅
put in tea 置茶
smell fragrance 闻香
first infusion 第一道茶
set timer 计时
warm cups 烫杯
pour tea 斟茶
prepare cups 备茶杯
divide tea 分茶
serve tea by cups 端杯奉茶
second infusion 第二道茶
serve tea by pitcher 持盅奉茶
supply snacks or water 供应茶点或品泉
take out brewed leaves 去渣
appreciate leaves 赏叶底
rinse pot 涮壶
return to seat 归位
rinse pitcher 清盅
collect cups 收杯

五、泡茶术语

prepare tea ware 备具
prepare water 备水
warm pot 温壶
prepare tea 备茶
recognize tea 识茶
appreciate tea 赏茶

六、茶叶品质鉴别术语

black bloom 乌润：乌而油润。此术语也适用于红茶和乌龙茶干茶色泽。
semi-yellow 半筒黄：色杂，叶尖黑色，柄端黄黑色。
black auburn 黑褐：褐中带黑。此术语也适用于压制茶汤色、叶底色泽，以及乌龙茶和红茶干茶色泽。
brownish auburn 棕褐：褐中带棕。此术语也适用于压制茶汤色、叶底和红茶干茶色泽。
blueish yellow 青黄：黄中泛青，原料后发酵不足所致。
auburnish red 褐红：红中带褐。
orange red 橙红：红中泛橙色。此术语也适用于乌龙茶汤色。
red dull 暗红：此术语也适用于红茶汤色。
brownish red 棕红：红中泛棕，似咖啡色。此术语也适用于红茶干茶色泽及红碎茶茶汤加奶后的汤色。
brownish yellow 棕黄：黄中泛棕。此术语也适用于红碎茶干茶色泽。
reddish yellow 红黄：黄中带红。
golden yellow 金黄：以黄为主，带有橙色，有深浅之分。
clear yellow 清黄：茶汤黄而清澈。
soft and bright 软亮：叶质柔软，叶色透明发亮。
clean and mellow 清醇：茶汤味新鲜，入口爽适。
sweet and fresh 甘鲜：鲜洁有甜感。
coarse and heavy 粗浓：味粗而浓。

茶馆服务常用英语

一、茶礼

Good morning!/Good afternoon!/Good evening! Welcome to the tea house.
您好！欢迎光临！

Can I help you?
请问需要什么帮助?

This way, please.
请往这边走。

Do you want a separate room ?
您需要包厢吗?

How about seats near the window? You can see beautiful scenes outsides.
靠窗的座位行吗？从这里可以看到室外的景色。

This is the tea menu, please make your choices.
这是我们茶馆的茶单，请随意挑选。

Excuse me, would you please tell me which kind of tea you prefer?
打扰了，我现在可以知道您喜欢喝哪种茶吗?

I'd like to recommend you the famous Yixing—Mingding tea.
我向您推荐著名的宜兴茗鼎茶。

Sorry for having kept you waiting for so long. Here is Mingding tea you ordered. I hope you will like it.
对不起，让你们久等了，这是你们点的茗鼎茶，请品尝。

China is the hometown of tea and cradle of tea culture.
中国是茶的故乡，茶文化的发祥地。

It's virtue of Chinese people to serve tea to guests.
客来敬茶是中国人的美德。

Hello, everybody. Now, I am preparing Fujian oolong tea for you.
你们好，现在我为大家冲泡福建乌龙茶。

The first infusion is ready. I hope you will like it.
第一壶茶冲泡好了，请各位慢用。

Here are the refreshments you want. If you want something else, please feel free to let me know.
这是您要的茶点，还有什么需要的，请尽管吩咐。

Excuse me, it is better to add some water.
打扰了，我给壶里加点水。

Here are the tea refreshments you have ordered. Enjoy yourself.
你们要的几种茶点已经都上齐了，请慢慢品尝。

Excuse me, Sir, you are wanted to the phone. Would you please go to the counter?
打扰了，先生，有您的电话，请到柜台那边去接。

Well, 150 Yuan in total. 200 Yuan ,thank you. Here is your change, 50 Yuan.
结账吗？好，一共是 150 元整，收您 200 整，找您 50 元。

Thanks for coming. Hope to see you again.
谢谢光临，欢迎下次再来！

二、茶艺

To prepare a good cup of tea, you need fine tea, good water, beautiful cup, nice people and proper environment.
泡一杯好茶，要做到茶美、水美、器美、人美、环境美。

There are three stages when water is boiling. At the first stage, the bubbles look like crab eyes; at the second, the bubbles look like fish eyes; finally, they look like surging waves.
烧水时，一沸为“蟹眼”，二沸为“鱼眼”，三沸称作“沸波鼓浪”。

The water boiling between the crab−eye stage and the fish−eye stage is the best for preparing tea.
泡茶用的开水，一般以“蟹眼已过鱼眼生”时最好。

We should use big fire to make water boil quickly.
烧水要做到活火快煎。

The water that has been boiling for a long time is not good.
水老（即已沸波鼓浪多时）不理想。

A cup of good tea requires skills in preparing.
好茶还需巧冲泡。

Natural mountain spring water is best for tea.
泡茶用的水，以天然的山泉水为上。

Today, we prepare tea with water from Taihua Mountain.
今天我们选用的是太华山的泉水。

参考文献

1 饶雪梅，李俊 . 茶艺服务实训教程 [M]. 北京：科学出版社，2008.

2 林治 . 中国茶艺集锦 [M]. 北京：中国人口出版社，2004.

3 周爱东，郭亚敏 . 茶艺赏析 [M]. 北京：中国纺织出版社，2008.

4 彭丽亚 . 中国茶分类图点 [M]. 北京：化学工业出版社，2009.

5 赵英立 . 中国茶艺全程学习指南 [M]. 北京：化学工业出版社，2009.

6 王晶 . 品味清清茶香 [M]. 北京：中国轻工业出版社，2003.

7 陈文华 . 中华茶文化基础知识 [M]. 北京：中国农业出版社，2003.

8 王建荣 . 中国名茶品鉴 [M]. 济南：山东科学技术出版社，2005.

9 徐晓村 . 中国茶文化 [M]. 北京：中国农业大学出版社，2005.

10 阮浩耕，江万绪 . 茶艺 [M]. 杭州：浙江科学技术出版社，2005.

11 劳动和社会保障部教材办公室，上海市职业技术培训教研室 . 茶叶审评与检验 [M]. 北京：中国劳动社会保障出版社，2005.

12 中国就业培训技术指导中心，劳动和社会保障部 . 茶艺师 [M]. 北京：中国劳动社会保障出版社，2006.

13 周巨根，朱永兴 . 茶学概论 [M]. 北京：中国中医药出版社，2007.

14 江用文，童启庆 . 茶艺师培训教材 [M]. 北京：金盾出版社，2008.

15 乔木森 . 茶席设计 [M]. 上海：上海文化出版社，2005.

16 徐晓村 . 茶文化学 [M]. 北京：首都经济贸易大学出版社，2009.

17 王梦石，叶庆 . 中国茶文化教程 [M]. 北京：高等教育出版社，2012.

18 朱海燕 . 中国茶道 [M]. 北京：高等教育出版社，2015.

19 李章木 . 茶席插花：茶席花设计与插制 [M]. 北京：化学工业出版社，2019

读者意见反馈

为收集对教材的意见建议，进一步完善教材编写并做好服务工作，读者可将对本教材的意见建议通过如下渠道反馈至我社。

咨询电话　400-810-0598

反馈邮箱　gjdzfwb@pub.hep.cn

通信地址　北京市朝阳区惠新东街 4 号富盛大厦 1 座

高等教育出版社总编辑办公室

邮政编码　100029

专业编辑：张卫

高等教育出版社　高等职业教育出版事业部　综合分社

地　　址：北京市朝阳区惠新东街 4 号富盛大厦 1 座 19 层

邮　　编：100029

联系电话：（010）58582742

E-mail：zhangwei6@hep.com.cn

QQ：285674764

（申请配套教学资源请联系编辑）